传统性道德的"自然科学本质"

朱琪 著

世界知识出版社

图书在版编目（CIP）数据

传统性道德的自然科学本质/朱琪著 .

— 北京：世界知识出版社，2017.10

ISBN 978-7-5012-5583-2

Ⅰ．①传… Ⅱ．①朱… Ⅲ．①性道德

Ⅳ．① B823.4

中国版本图书馆 CIP 数据核字（2017）第 230640 号

传统性道德的自然科学本质

Chuantong Xingdaode de Ziran Kexue Benzhi

作　　者　朱　琪	书名题字　李自星
责任编辑　薛　乾	特邀编辑　张祎琳
责任出版　王勇刚	装帧设计　周周设计局
内文制作　宁春江	

出版发行　世界知识出版社

地　　址　北京市东城区干面胡同 51 号（100010）

网　　址　www.ao1934.org　www.ishizhi.cn

联系电话　010-58408356　010-58408358

经　　销　新华书店

印　　刷　北京市松源印刷有限公司

开本印张　710×1000 毫米　1/16　12 印张

字　　数　120 千字

版次印次　2017 年 11 月第一版　2017 年 11 月第一次印刷

标准书号　ISBN 978-7-5012-5583-2

定　　价　28.00 元

（凡印刷、装订错误可随时向出版社调换。联系电话：010-58408356）

本书要点

1. 人类由动物进化而来，继承了动物的原始生殖本能。

2. 原始生殖本能是野蛮的、非理性的，会严重破坏生殖健康和生育安全。如果不受严格约束，动物和人类都不可能生存。

3. 发情期是对动物原始生殖本能的自然约束机制。发情期决定了动物的性与生殖不可分离，不存在割裂性与生殖，把性行为作为与生殖无关的单纯追求性愉悦的享乐活动。

4. 人类发情期消失，使人为割裂性与生殖成为可能。人类开始有意识地把性行为用于单纯追求性愉悦的享乐，因此引发了生存危机。

5. 原始社会的性禁忌，古代社会的性道德，作为社会行为规范，成为取代发情期的社会约束机制。这一机制能有效限制原始生殖本能，制止性与生殖分离，克服生存危机。性道德发展到现代社会成为传统性道德，仍然起着有效约束原始生殖本能的现实作用。

6. 性禁忌和传统性道德具有科学性，符合自然规律。建立在传统性道德基础上的一夫一妻婚姻制度符合自然规律，在数十万年的人类婚姻史上是最科学和合理的先进婚姻制度。

7. 追求性与生殖分离的性愉悦是违背自然规律的非分人欲。非婚姻的性行为都违背自然规律，必然遭到自然规律惩罚。

8.《金赛报告》存在严重的数据和学术作假，是违背自然规律的伪科学。

9.由《金赛报告》引发的性革命、性解放和性自由生活方式违背自然规律和社会文明进步，已经在广泛的层面上造成严重危害人类生存的健康和社会危机。

10.形成性本能行为与性道德行为的神经生理机制不同，决定了性本能行为的顽强，也决定了性道德行为的脆弱。人类没有可能改变原始生殖本能，但是我们可以继承中华民族和全人类的优秀传统文化，弘扬传统性道德，通过重视和加强性道德教育，促进社会主义精神文明建设。

目　录

第二部分　发人深省的《金赛报告》和性革命

自序 遵守传统性道德重在"慎独"

遵守传统性道德必须"慎独",因为**自然规律就在你身体的每一个细胞里。中华传统文化的精粹之所以优秀,正在于有着自然科学本质**。千万年来,先贤往圣在以哲理性思维对社会实践成败进行缜密思辨的过程中,积累成功经验,汲取失败教训,去伪存真,去粗取精,逐渐获得顺乎天理的人类文化精华,也即符合自然规律的古代传统文化。这是文明发展的必然成就,因为人类社会发展只有在遵循"顺之则昌,逆之则亡"的自然规律的时候,方能顺利发展,否则就会遭受挫折,乃至失败。**传统的"慎独"文化作为儒家坚持自律理念的最高守则,两千多年来始终影响着一代又一代中国人的行为。**

"天人合一",人类和人类社会都是大自然的产物。文明社会是从原始人类开始,就在社会实践试误筛选过程中摸索前进的。错误的实践被淘汰,正确的实践得以留存,而正确的社会实践必定是符合自然规律的。人类社会从一开始,就存在着一步步从不够接近,向着开始接近,到比较接近,直至朝着逐渐符合自然规律的方向不断前进的发展趋势。实际上可以说,**人类社会,包括传统文化,完全是在自然规律的引导下向前发展的。**传统性道德是最为典型的例子,作者在本书中将对此进行不成熟的初步阐述。

为了有助于读者从比较深的层次了解本书的写作意图，以有益于读者恢复对我们民族传统文化的信心，进而身体力行地积极参加到弘扬中华传统文化的行动中来，有必要在此提请读者重视以下的生命理念：

每当你想到生命，意识到自己是一个人的时候，是否清醒并且认真地想一想：人来到这个世界有多么不容易！在地球上，生命物质从形成生物开始，直至从猿到人，进化的道路崎岖坎坷，充满艰难险阻，曾历时多少亿年？经受多少艰难困苦岁月的磨难、挫折，一次次从濒临灭顶的灾祸中浴火重生，才有了今天的现代人类。为此必须承认你我都很幸运，有幸能成为生命。作为人类的一员，应该为此额手称庆，感到无比自豪，因而更加珍爱生命，自觉履行大自然赋予我们每个人的历史使命。

生命崇高而又伟大，生命是神圣的，生命是圣洁的，生命不容亵渎。作为人类早期文明的历史载体，宗教把自然规律视为有着至高无上权威的神，创造了神圣、圣洁和不容亵渎的词汇，这是对自然规律最恰当不过的敬畏，因而是人类文明的珍贵历史遗产。

生命来之不易，必须倍加珍爱，你也一样。你必须尊重和孝敬生你养你，把生命传承给你，抚养教育你健康成长的父母；敬重和感恩你的祖先，珍惜和传承传统文化，敬畏和感恩大自然，感恩和敬畏自然规律。

我们有幸成为人来到人间，已经是坐享其成。然而人的一生，绝不是无需付出任何代价，无功受禄，就可以享受美好人生的。当你在刚形成孕卵的那一瞬间，生命就已经严肃地赋予你遵循自然规律生活与履行生命传承的重大历史使命。因为生命物质的本质是遵循自然规律，以保护自身和增殖自身，延续后代。生命物质的存在，必须遵循自然规律；生命物质的增殖，同样必须遵循自然规律。

作为一个生物物种，人类负有物种传承的历史使命。人类大家庭的所有成员都必须承担，人人有责，绝无例外，也不容推卸或逃避。这是人类庄严而又光荣的使命，为了承担和完成这两项庄严的历史责任，你是否考虑过？是否有过必要的精神准备？

"我的生命，我的身体是我自己的。我的一切我做主！"这一当前十分流行的时髦论调对吗？不对，完全错了，绝对错了。任何人都完全没有理由，也没有资格对自己、对生命，抱以如此极端不负责任的态度，用极端个人主义和极端自私自利的自由主义，极端轻蔑地放肆狂言妄语，为放纵人欲及时行乐寻找合理化理由。而对于制造和散播这种蛊惑狂言的始作俑者来说，煽动年轻人放纵非分人欲还是次要的，主要的是"我的生命，我的身体是我自己的。我的一切我做主"这番话意味着每个人都是孤立的、心中只有自己个人利益的个体。狂言妄语之所以大谬不然，大而言之，任何来到世上的人，首先都是生命，生命生来就负有维护生命和传承生命的历史使命，而不是无承担的孤立个体；其次，每一个人都属于一个国家、一个民族、一个社会、一个群体；对国家、民族、社会和群体都承担有不容推卸的责任。小而言之，任何人都有家庭，有祖父母，有父母，有配偶和子女，必须对家庭和亲人承担责任。归结起来，国家、民族、社会、群体、家庭的功能，最终都要履行维护生命和传承生命的历史使命。

"我的生命，我的身体是我自己的。我的一切我做主！"不仅仅是教唆和蛊惑年轻人放纵人欲、及时行乐，更是鼓吹和煽动不忠、不孝、不仁、不义。首先"天下兴亡，匹夫有责"。外敌来犯，效忠国家和人民，参军打仗是有生命危险的。"我的一切我做主！"就可以逃避服兵役，不能"精忠报国"是对国家对人民的不忠。再有，"我的一切我做主！"就可以随心所欲，酗酒吸毒，纵欲淫乱，违背人体正常生理功能滥用人体器官。"身体发肤受之父母，不敢毁伤，孝之始也。""我的一切我做主"是对父母的不孝。有人落水，"我的一切我做主！"为救他可能淹死自己，太不值得，因此见死不救。"仁者爱人"，见义而不勇为，不仁不义。可见，宣扬"我的生命，我的身体是我自己的。我的一切我做主！"必然会造成十分恶劣的社会后果。

必须严肃指出：**任何人都不可能做自然规律的主，而自然规律从你还未降临人世的时候起，就早已在做你的主。**从你来到人间，直到你离开这个世界，一生一世，不离不弃，时时刻刻都在做你的主。"顺之则昌，逆之则亡"，丝毫不会有差错，毫厘不会有遗漏，绝对不可心存侥幸。你真做得了自己的主吗？当你一旦违背自然规律，即使当时没有立即意识到或感觉到，可是早晚会受到惩罚，既不可能逃避，又无法抗拒。凡是盲目轻信这种极端愚昧无知、庸俗粗野、荒诞无稽谬论的人，若不知幡然悔悟，就没有一个可能逃得了自然规律的严厉惩罚。

"君子坦荡荡，小人长戚戚。"你想要健康、愉快地生存于世，就应该光明磊落，就必须慎独。敬奉佛祖的善男信女，深信"举头三尺有神明"；信仰基督教的上帝子民，坚信上帝无处不在，无所不知，无所不能。神明和上帝都是宗教劝人为善而设定的至高无上权威监督机制，因为世人的行为必须受到强有力的道德约束。

这本书要告诉你，我们每个人的行为都必须自觉遵守社会行为规范，这就是强调自我约束的慎独。**慎独是促使每个人的行为自觉遵循自然规律的最高形式，因为人类是物质运动自然规律造就的生命。你身体里的每一个内脏器官系统，每一个细胞，都是自然规律的产物。任何内脏器官的每一个细胞，都必定在循着自然规律运行。**你遵循自然规律行事，细胞就能顺利运转；你若违背天理人伦，也就是违反自然规律，做了亏心事，即使无人在场，你也会心神不宁、忐忑不安，甚至心惊肉跳。

忐忑不安、心惊肉跳是怎么回事？这是大脑高级中枢神经系统受到强烈负面刺激后，产生的心理应激反应。应激反应通过神经内分泌机制，影响全身所有内脏器官系统的正常功能，使全身新陈代谢从正常转为应激状态。心惊肉跳只是你能感受得到的循环系统功能异常变化，与此同时，还发生着更多脏器的功能改变，这是你所感受不到的。可是即使感受不到，作为整体的一部分，这些脏器同样也发生着生理功能的消极改变。

医学心理学证明，强烈的应激反应使全身新陈代谢进入紧张的心理应激状态，对健康十分有害，可以引起和加剧多种身心疾病。最常见的是心脑血管病和恶性肿瘤。做了亏心事，连累到全身每个内脏器官系统的每一个细胞，迫使全身所有细胞都不能遵循自然规律正常运转。全身细胞受到连累，运行不正常，健康受损害，你又怎么可能健康、愉快？

做亏心事会牵累每一个细胞都遭殃，你若违背了自然规律，岂有不受惩罚之理？**千万不要简单地认为是自然规律要惩罚你，实在是你在惩罚自己。因为自然规律并无思想意识，不知道你姓甚名谁，也不知道你在哪里，更不知道你做过什么亏心事。自然规律只是悄无声息地在按照自己的规律运转，而你本身就是自然规律造就的人。**你要是违背自然规律，就破坏了自己的存在基础，又怎么可能躲过它而免遭惩罚？所谓惩罚，实际上是你自己在作践自己，成了戕害自己的"自作孽，不可活"。

可见，自然规律就在你身体的每一个细胞里，无时无刻从不懈怠地监督着你的一举一动、一言一行。这就比神明和上帝的监督更直接、更密切、更严格、更无可躲避。但是必须认识到，**这是自然规律对你最大的关爱和恩德，要懂得报恩。儒家坚持了两千多年的传统慎独文化并不迂腐，而是有着如此深刻的自然科学内涵。**人生事无巨细，无一能离开自然规律，你遵循自然规律去做，就顺利，就成功；否则，便受挫折，遭失败。

**人生在世，一切都必须遵循自然规律。生存的光明大道，一切都要从现在起步，从眼前脚下开始：种瓜得瓜，种蒺藜得刺；善有善果，恶有恶报；积善之家，必有余庆；积不善之家，必有余殃。一切都是自然规律在起作用，与迷信毫不相干。

要知道，即使在"神不知鬼不觉"的情况下，还会有自然规律在冥冥中密切监视着你的一举一动，因为"人在做，天在看"。"天"就在你血液里，自然规律就在你的每个细胞里。所以不论在什么场合，都必须以恪守"慎独"的心态自律，而自觉遵守传统性道德的科学道理也正在于此。

朱琪

2017 年 8 月 23 日于北京丽水园

第一部分　传统性道德的自然科学本质

传统性道德的自然科学本质

——中国的传统文化和性科学

在优秀传统文化庇荫下的中华民族，繁荣昌盛地持续生存发展了五千年，当今已拥有十四亿子孙，因而成为世界上人口最多，且文明从未中断的唯一历史悠久民族。**中华文明之所以有如此强大的生命力，是因为传统文化蓄积着璀璨而又厚重的历史文化精华，传统性道德便是蕴含着丰富科学内涵的瑰宝之一。**传统性道德对于保护生殖健康，避免遗传疾病，防止性病，维护婚姻家庭稳定，抚育和教养后代健康成长，以及促进社会和谐安定，提高人口素质，保持人口数量，保证民族体质进化和社会文明进步的可持续发展，有着不可估量的重大历史价值和现实意义。完全有理由断言，**没有传统性道德，就不可能有今天的中华民族。**就整个人类而言，所有历史悠久的文明民族，同样都有着传统的性道德，否则也就不会有当今的人类文明。

道德是一个属于人文学科范畴的概念，然而**传统道德的成因和功能，却有着丰富和深刻的自然科学内涵。**中国古代关于"天人合一"，"天理"和"人伦"，以及非分"人欲"的深邃哲理探究，实质上是围绕着自然规律展开的。

早在两千多年前的《礼记·乐记》就有"人化物也者，灭天理而穷人欲者也。于是有悖逆诈伪之心，有淫泆作乱之事"

的精辟论述。至于之所以能产生《礼记》这样的古代传世经典，决非一代先贤的智慧，而是蕴涵着千百年前更早、更多往圣的思想精华积累，例如商代太甲的"天作孽，犹可违；自作孽，不可活"的至理名言，甚至还包含着尚无文字记载时期，更早的口传文化。在如此深厚的历史文化积淀基础上，一脉相承的中华传统文化才有了近古"存天理，灭人欲"的训诫和"万恶淫为首"的警世之言。

就性的欲念而言，从古代中国的房中术，到当今西方的金赛主义性学，尽管各自标榜着养生或健康目的，实质上却都反映出为满足对性愉悦享受的非分追求，而发自本能潜意识的合理化托词。可是性愉悦毕竟只是性的外显，也是最吸引人注意的表象。恰恰是这种令人丧失理智的表象，掩盖了隐藏于深层的生物学内涵，即性的生命本质。

"万物同源，万事同理。" 从古今世界来看，如果说两千年前房中术臆造的"黄帝御一千二百女而羽仙"[1]神话是古代的性荒诞，那么金赛主义的"性自由"合乎"人性解放"就应是现代的性愚昧，而《金赛报告》更称得上是引发社会淫乱的伪科学之最。一古一今，一中一西，两者都是从追求非分性愉悦出

1. "黄帝御一千二百女而羽仙"出自孙思邈《千金方·房内》。此系古代房中术假托黄帝之名编造的纵欲成仙得道的神话。房中术源自《道德经》道家学说的说法是没有根据的。道家与儒家一样都是无神论，不可能相信鬼神，"御女多多益善"的纵欲主张，完全违背老子崇尚无为、寡欲的节欲思想。《道德经》并没有房中术和纵欲内容。《道德经》第六章"谷神不死是谓玄牝。玄牝之门是谓天地根。绵绵若存，用之不勤"，第五十五章"含德之厚，比于赤子。毒虫不螫，猛兽不据，攫鸟不抟。骨弱筋柔而握固。……"的论述都是崇尚节欲的思想。可见"黄帝御一千二百女而羽仙"之说，不但从老子著作中找不到依据，而且是"有悖逆诈伪之心，有淫泆作乱之事"的伪作。

发，"人化物也者，灭天理而穷人欲，于是有悖逆诈伪之心，有淫泆作乱之事"的历史和现实写照。作为违逆自然规律的非分"人欲"追求，勾起居心叵测的写作动机，或者欺世盗名假托黄帝的盛名；或者作伪欺骗，编造虚假数据，杜撰荒谬理论，炮制危害无穷的诲淫伪科学，流毒于世，教唆色情淫乱，祸害天下苍生。

古代中国，历朝历代的大小帝王难于胜数，三宫六院七十二嫔妃，更有后宫佳丽三千，乃至上万，御女何止千二？尽管时至两千多年后的今天，仍有人效法"御一千二百女而羽仙"，然而，"只闻桀纣下地狱，岂见一人上南天？"

再看今天，全球亿万众生沉湎于"性自由"欲海。欲海难填，有欲无情，有性无爱，异性同性，随兴而交；未婚怀孕，性病猖獗，家庭解体，社会不宁；血亲乱伦，道德沦丧，禽兽不如，天理难容。"性革命"招致的人欲横流，损毁了作为社会稳定基石的婚姻家庭结构，正在全面破坏人类赖以生存发展的社会生态平衡，世界已经因放纵淫欲陷入一场空前灾祸。

纵观有文字记载以来的数千年人类文明史，为什么荒淫无度的色情纵欲，贻害无数英雄身败名裂，祸殃大量王朝衰亡倾覆？为什么当今所有历史悠久的文明民族，都曾独立形成过核心内容"所见略同"的严格性道德？历史上，人类对性行为的约束为什么要如此严厉，数千年来如此长期坚持不懈？何以中国古代会有"存天理，灭人欲"和"万恶淫为首"的古训？自古以来，无论性的禁忌、道德，以及法律有多么严厉，人们放纵性欲的非分行为，始终难以改变，究其原因，便是隐藏在性行为深层的本质在作祟。其结果是害得个人、家庭和社会，民族和国家，乃至整个世界都不得安宁，而世人所能看到并重视的，无非是外显的性愉悦。

古人和今人都乐此不疲地追求性愉悦，孜孜不倦地研究性但是都难免经受性的困扰和煎熬，都不得不忍受性的惩罚。由于研究的仅仅是性的表象，两千多年来也仍然是从表象到表象，始终停留在表面，触及不到本质。到了近代，未能透彻理解非分欲求才是"人欲"，才是"淫"的世人，竟然混淆"性"与"淫"的区别，将"存天理，灭人欲"曲解为"存天理，灭性欲"，把"淫为万恶之首"歪曲为"性为万恶之首"，然后妄加批判，指责其为灭绝"人性"的禁欲主义，以致越研究越糊涂，越批判，越混乱。性问题反倒因此更多、更复杂，也更难于解决，终至人欲横流，愈演愈烈，却罕见去探究深层次的作祟者，以致难于从根本上找到答案。

人由古猿进化而来，与动物一样，欲望的生物学意义在于驱使和引发动物的生存行为，生存行为激活相应器官系统的生理反应，在生理反应的过程中产生心理愉悦。当生理过程完成，生存活动目的达到特定环节时，心理愉悦随即达到顶峰。所以欲望，生存行为，生理活动，心理愉悦与实现生存活动目的是有着一致性的，每一个环节都是整个生存活动不可分割的组成部分。**欲望的最终目的是实现复杂和完整的生命生存活动，而绝非单纯获取愉悦。**

　　割裂完整生殖生理过程的"性与生殖"一词，尽管是现代创造的术语，却源自远古发情期消失时，原始人类出于原始生殖本能追求性愉悦的非理性行为。这种错误行为出现于人类对生命生殖繁衍的自然规律尚无认识的历史年代，完全是不可避免的，也是可以理解的。因为原始先民没有生殖健康知识，缺乏理性，不可能抗拒强烈的性欲冲动。这一源自远古的，由进化矛盾引发的历史性错误行为，开始割裂了由自然选择形成的完整生殖生理自然过程。**然而今人却毫无科学依据地虚构了一个有别于生殖的"性"概念，为了追求非分的性愉悦满足，有意识地违反自然规律，以伪科学理论强行把性从整个生殖生理过程和繁衍抚育后代的生命传承历史使命中分离出来，成为一个可与生殖和繁衍分离，专供享乐的独立因素，最突出的时髦典型就是美国的《金赛报告》。**这一伪科学的诲淫理论，加剧了性与生殖分离，直接促使人类遭受的性困惑和灾祸愈演愈烈，令今日世界陷入史无前例的极度性混乱状态。

发情期形成和消失的重大生物学意义

——人类发情期消失的进化因素

　　原始生殖本能有着狂野无序的生物学特性，发情期确立了自然生态下动物有序的生殖活动周期，具有维护种群求偶活动秩序，调整生存于自然生态环境下哺乳动物的生殖行为，保护种群生殖健康和生育安全，以及保证哺育后代健康发育成长等的自然保护机制，对生存于自然生态环境中的有性繁殖动物，有着极为重要的生物学意义。

　　自然选择机制对动物体内性激素水平进行周期性调节，形成的发情期是有性繁殖物种对自然生态环境的适应性进化结果。 由于动物能够获取食物的季节性很强，只有在食物丰富的季节出生，能获得母兽充足乳汁的幼崽才得以存活。动物种群在漫长的生存过程中，总会有少数个体发生内分泌失调，出现性激素水平在非发情期增高的现象，个别动物偶尔还可能发生与发情期相关的基因突变。此时，种群里会出现发情期偏离正常的个体，因为没有求偶机会，不可能留下后代。即使雌雄同时有多个个体因此发情，有机会求偶、怀孕，产下幼崽，但是适者生存，由于不在生育季节，食物匮乏，极少能有生存机会。凡是生不逢时的幼崽都会饿死，它们父母的遗传基因也就随同夭折的幼崽一起被自然选择淘汰，物种留下的都必定是有同一发情期的种群。因此物种固有的发情期会长久保持稳定，种群得以保持有序的生殖繁衍活动，生生不息。

发情期是普遍存在于有性繁殖脊椎动物中，有规律的周期性生殖活动现象。发情期来临，成年动物生殖行为由静而动，立即变得非常活跃。尤其是发情的成年雄性，几乎集中全部精力，以狂热的激情，不遗余力地投入追逐雌性的求偶活动。

动物并无生殖意识，全然不知道这是在履行传承生命的历史使命，仅仅受不可抑制的强烈性欲冲动驱使，为发泄性欲获取性愉悦而追逐和争夺雌性。雄性动物的争偶行为野蛮、狂暴，甚至会发生不顾生死安危的殊死搏斗。然而即使在发情期，成年雄性也只对发情的成年雌性求偶，并且本能地不会侵犯不发情的雌性。受性激素水平低下的限制，未成年的雌性和雄性动物都不发情，它们不可能有两性行为。未曾发情的成年雌性和不可能发情的未成年雌性都不会受到性侵犯。

发情期结束，成年动物的求偶生殖活动随即停止。包括怀孕和未怀孕的所有成年雌性，还有幼年和未成年雌性的生殖健康就更加安全。在猿类的种群中，即使雌性并不同时进入发情期，成年雄性也不会主动侵犯虽成年但未发情的雌性，包括处于妊娠期，分娩和产褥期，以及哺乳期的雌性。发情期就这样保护着动物的生殖健康和生育安全。

进入非发情期的成年动物，不再有求偶活动，种群的生殖行为处于停歇状态。此时，发情期频繁的求偶活动已经使绝大多数健康成年雌性怀孕，此后的整个妊娠期，分娩期，产褥期，哺乳期，均不可能受成年雄性的求偶活动的骚扰，保证了怀孕雌性在整个怀孕期，分娩期和产褥期，以及哺乳期间的生殖健康和安全，也有利于后代的健康成长。哺乳动物的生殖健康和生育安全，因为有了发情期的存在而得到保障，因此，**发情期是由自然选择机制形成的，哺乳动物生存进化所不可或缺的重要生物学性状。**

哺乳动物的发情期时间因物种而异，不同物种的周期长短不一，形式多样。其共同特征在于只有到了发情期时，成年动物才有求偶行为。雌性一旦怀孕进入妊娠期，发情随即终止，失去性欲，拒绝求偶行为。物种妊娠期的长短，则与怀孕雌性在食物丰富的季节到来时开始分娩生育契合一致。

在自然生态下，非发情期的动物没有性欲，性行为与生殖活动完全是统一的。不存在与生殖无关的性行为，也不存在追求与生殖无关的性愉悦。不仅仅是性欲，**在自然生态下生存的动物，食欲有饱腹感的调控，性欲则有发情期的调控，任何生理欲求都存在着由自然选择形成的自然调控机制。**

动物按先天本能行事，没有理性。不难设想，如果动物也像现代人类在失去传统性道德约束时的性行为表现一样，生殖活动没有发情期调控，而是在任何时间、任何场合都可能发情求偶。在这种情况下，具有主动侵犯性和多配偶本能的雄性，就必定会毫无理性地把求偶对象指向任何雌性，就像侵犯成年雌性一样，侵犯无论是处于怀孕期，甚至分娩期和产褥期，以及未成年雌性。侵犯分娩期和产褥期雌性极可能引起产褥热而死亡，此时幼崽也必定因失去哺育而随同母兽夭折。未成年雌兽遭受性侵犯，则会引起生殖器官感染，即使不死而有幸存活，也很可能失去生育能力。**没有发情期的调控，生殖健康和生育安全就得不到保障，物种将不能保持繁衍兴旺，最终因体质退化赢弱，失去生存竞争优势，陷入生存危机而灭绝。**

原始脊椎动物形成生殖本能，是与动物生存活动所处的自然生态环境高度相适应的，具有强盛的生存竞争优势，因而得以为自然选择所保存。原始脊椎动物适应环境能力差，缺乏自我保护能力，极有可能是形成于没有四季之分的热带或附近水域。在那里，稚嫩脆弱的生命可以不受冰雪严寒的威胁，整年都可进行繁殖后代的活动。并且原始脊椎动物没有保护后代的能力，不可能保护刚出生的后代，但由于生殖数量非常大，即使存活率很低，仍然能持续繁衍。随着动物进化，物种增多，新物种的生存适应能力增强，生存环境的范围扩大，生存活动的条件也相应发生变化。例如开始进入四季分明的温带地域，可是一到冬季缺乏食物，动物无法繁殖。如果动物因此失去原始生殖本能，就会因此灭亡。自然选择只可能对产生引起性激素分泌生理功能改变的基因变异个体进行筛选，而绝不可能改变其原始生殖本能。因为原始生殖本能改变不仅意味着生存竞争优势削弱，生存能力减退，更意味着生命的消亡。与此同时，随着进化，动物的体型变大，形态结构越来越复杂，胚胎发育时间延长，生殖数量减少，后代出生后需要亲代保护。然而雄性动物原始生殖本能的遗传保守性极为稳定，基本上不可能改变。而自然选择只可能在动物进化过程中，改变动物对自身生殖行为进行调节的内分泌机制，才能形成有规律的发情周期。

由热带进入温带的物种，仍然整年繁殖，冬季及冬季前后出生的后代往往都会饿死，连同它们双亲的遗传基因一起消失。自然选择的这种淘汰机制，对迁徙过程中的物种进行反复筛选，促使这一迁徙物种最后只留下食物丰富季节出生的后代种群。

动物的迁徙并非在一朝一夕之间发生和完成，而是经历一个相当缓慢的长时间迁移过程，发情期就在缓慢迁徙的过程中逐渐形成，否则迁徙就会失败。**遗传保守性极为稳定的原始生殖基因不可能动摇，而内分泌生理功能则有可能改变。**在发情期形成过程中，当淘汰了第一个冬季及冬季前后出生的后代以后，种群的遗传基因并未改变，第二年冬季依然会出生一批被淘汰者。就在年复一年的淘汰过程中，偶尔会出现与神经内分泌系统调节性激素功能相关基因发生变异的个体。与此同时，种群中也会陆续出现性激素分泌功能生理紊乱的个体，其数量多于基因变异。两者的共同表现为性激素水平发生波动，水平低时不能发情，高时则发情，但发情时间参差不齐，存在个体差异，发情没有周期性，也可能有不规则的周期，呈无序状态。但是其中也可能出现少数平时性激素水平低下，动物不能发情求偶，而在到距离食物丰富季节前相隔一个怀孕期左右时，性激素水平骤然升高，动物开始发情求偶的个体。当在邻近的日期内同时或先后出现雌性和雄性发情时，就会有怀孕生育可能，于是生育期正值食物丰富季节。诚然，这样的几率极小，可是后代的生存机会大，有可能形成最初的发情期，也就有了生存竞争优势。尽管刚呈现的发情期尚不稳定，它们的后代会继续受到自然选择代复一代的筛选，它们的后代繁殖得越多，生存竞争优势就越强，成为优势种群，最终形成有发情期的物种。

形成内分泌系统生殖激素周期性调节功能，出现有规律性生殖周期的种群，也就是具有发情期的种群，具备了适应温带气候的生存竞争优势，就成为自然选择保存下来的新物种。**无意识的自然选择是最现实和最精准的，在有性繁殖动物适应于温带地域生存的发情期形成的同时，除了可以满足生育期的食物需求，也形成了保护动物生殖健康和生育的安全机制。**

发情期使哺乳动物的生殖活动有序化，有性繁殖动物在发情期的求偶行为，是一种由自然选择机制形成的先天本能。如果没有发情期对生殖健康和生育安全的保护机制，哺乳动物的生育繁衍就得不到保障。

早期原始人类，与地球上所有哺乳类动物一样具有发情期，然而唯独现代人类没有发情期。**现代人类没有发情期是一个早已客观存在，且无可置疑的事实。**虽然现在有个别猿类没有发情期，但并非高级猿类，而原始人类的祖先是远古高级猿类的一个种群，而所有高级猿类至今仍具有发情期。因此早期原始人类具有发情期是合乎进化论的常识性推论，据此作出的判断应该是毋庸置疑的。当然，**人类发情期消失，既不是上帝对人类的恩赐，也不是上帝对人类的惩罚，而是从猿到人进化的必然结果。**

动物的原始生殖本能是生命最最核心的生物学性状，植根于动物的遗传基因程序，属于代代相传的非理性先天本能，每一代的个体都与生俱来，生而有之，极为稳定，无须后天学习。物种的原始祖先进化历史越长，生殖本能的遗传保守性就越稳定，基因的自然表达就越顽强。只要这一物种或物种进化后形成的新物种继续存在，生殖基因基本上不会改变。就现代人类而言，远祖是生存于自然生态环境中的灵长类哺乳动物高级古猿。原始人类的生殖基因就源自四百万年前，开始向人类进化的高级古猿的一个种群，而高级古猿的生殖基因，又源自两亿六千万多年前的哺乳动物祖先。至于哺乳动物的生殖基因，更是源自爬行动物的祖先，有着四亿年历史的水生早期脊椎动物——鱼类。如此不厌其烦地追溯人类生殖基因的历史，目的在于剖析当今人类非理性的原始性本能的遗传保守性为什么如此稳定，其基因的自然表达为什么如此顽强，为什么难以被千万年来的文明教化所撼动，原因皆在其有着四亿年以上的久远历史。

四亿多年前的水生脊椎动物一路进化，历经鱼类、两栖类、爬行类、哺乳类，又从低级哺乳类，经猴类、猿类、早期原始人类、晚期原始人类，直至我们当今的现代人类，作为生命最本质和最核心的原始生殖基因，其程序结构依旧稳定不变。**雄性近乎无限产生精子的生理能力，生殖行为的主动性和侵犯性，以及多配偶倾向等本能的遗传保守性稳定如当初。**今天的男人在不受社会行为规范约束的情况下，也都会像野兽一样野蛮、粗暴，甚至疯狂到不顾死活，以不可克制的激情和冲动表达出来。几亿年来的脊椎动物一直都如此，当今现代人类在失去社会行为规范约束后也仍然一样。

动物的原始生殖本能为什么如此没有理性？原因虽然深奥，但是却很单纯。任何动物在性成熟后必须尽一切可能履行生命传承的历史使命，如果不能繁衍后代，就意味着历经多少亿年进化才形成的生命物质的终结。生命，这一唯有文明人类才能自觉意识到其存在价值的，最高层次的物质运动将因此不复存在。物质运动尽管是无意识的，人类以外的动物也意识不到自身的存在价值，但是物质运动规律，也即自然规律已经决定了生命物质顽强的生存能力，一种不可更改的基本自然属性。**原始生殖基因序列既遵循着生命物质的运动规律，又蕴含着生命物质最核心的物质成分和特定的分子结构。**

水生脊椎动物在四亿多年时间里，所历经的鱼类、两栖类、爬行类、哺乳类等各个不同物种进化阶段，分别处于不同的自然生态环境。被动的适应性生存活动，在环境的进化选择压力下，自然选择决定着不同物种动物的解剖形态和生物学性状，都会随之发生与生存活动相应的适应性变异。**尽管原始生殖基因稳定不变，然而生殖行为必定出现适应性调整的改变。**有性繁殖的鱼类、两栖类、爬行类，都已经形成与各自生存活动相适应的发情期。爬行类向哺乳类进化，哺乳动物生殖行为所继承的爬行动物发情期，在自然选择机制作用下发生适应性改变，形成哺乳动物的发情期。低级哺乳动物，向高级灵长类哺乳动物的猴类、猿类进化，最终形成了地球生物进化史上最后的，也即人祖古猿的发情期。发情期成为自然生态下动物的有序生殖行为生物学性状，有利于防止种群退化，保护生殖健康和生育安全，以及安全哺育后代。早期原始人类继承了高级古猿发情期，然而到了晚期原始人类和当今现代人类，发情期却不知道在什么时候，不明不白地已经消失得无影无踪。

哺乳动物在发情期时的体内性激素含量变化，决定了动物在发情期的生殖本能行为。先天的本能行为作为非条件反射，都是大脑皮层下中枢发出的欲望冲动。动物性激素水平是由位于大脑皮层下中枢的脑下垂体，通过神经内分泌机制调节生殖系统功能，对体内性激素水平进行周期性调控，使动物的原始生殖本能行为，包括发情、求偶、妊娠、生育和哺乳的生殖繁衍活动发生相应的规律性变化，以有利于动物的生殖行为更好地适应自然环境的季节性变化。**发情期对于生存在自然生态下的动物，是一种极为重要的生物学性状**。自然选择在动物进化过程中形成的发情期，成为对有性繁殖动物生殖行为进行有序调整的自然生态调控机制。发情期的调控，也为动物生殖健康和生育安全提供了可靠保障，保证了有性繁殖动物的生存繁衍和进化，因此**发情期对于哺乳动物有着生死攸关的重要性**。

发情期对所有哺乳动物都如此重要，对于人类应该也同样重要，但是人类的发情期为什么会在进化过程中消失？今人只可能通过追溯人类的进化历史去进行探索。人类的发情期既然会消失，必定有着重大的进化原因，并且可能是综合的，而不是单一的。最重要的原因可能是在人类进化的特定阶段，发情期成为阻碍人类继续进化的消极因素，而消失会对人类的继续进化有着不可取代的意义，否则就会与人类以外所有至今仍具有发情期的动物一样，没有可能消失。因此发情期消失肯定是一个对于决定人类进化有着特别重大意义的进化现象，并且当时存在着发生这一进化的环境选择压力，但绝不可能是来自自然生态环境的选择压力，而是源自人类创建的社会生态环境选择压力。因为人类发情期消失的环境选择压力如果来自自然生态环境，那么同时生存于人类生存和进化环境中的其他哺乳类动物的发情期，就应该与人类的发情期一起同时消失，怎么可能不发生这种理应同步的现象？甚至怎么没有一个物种的发情期在此期间消失？

因为发情期对哺乳动物的生存繁衍举足轻重的重要性，在于生育期间有充足的食物，能够保证幼崽的乳汁喂养，以有序的生殖活动确保生殖健康，并在非发情期后保证怀孕雌性的怀孕期、分娩期和产褥期的安全，以及保护哺乳期后代的健康成长。如此有意义的生物学性状对于人类同样重要，为什么唯独人类会在进化过程中会失去发情期？

发情期是在自然生态下，由自然选择形成的动物适应生存环境季节变化，保证生存繁衍安全的先天本能，对于哺乳动物是不可或缺的。随着原始人类获取和储存食物，以及御寒保暖等其他综合生存能力的增强，繁殖和抚育后代对季节气候变化的依赖性减少，发情期的重要性逐渐有所削弱。

　　生存于自然生态下具有发情期的早期原始人类，随着大脑进化，因智力开始提高而变得聪明起来的原始先民，获取和储存食物，以及哺育和保护婴幼儿的能力开始增强，繁育后代的时间，受能否获得充足食物和适宜温度等与季节相关因素的限制逐渐减少。**自然生态环境中与生殖有关的发情期季节因素，对人类逐渐失去影响，发情期在食物和气候等方面的重要性相应减小，直到完全失去存在意义。**

　　与此同时，原始人类的迅速进化，躯干和肢体的解剖结构，特别是大脑皮层的组织结构和生理功能的日趋复杂，胚胎发育所需的时间相应增加。但是脑容量越来越大的胎儿，再也没有可能在子宫内完成大脑发育，因为胎儿头颅随着脑量的扩充持续增大，最后必然引起头盆不称，严重威胁分娩安全，致使妊娠期时间难于继续增加，更没有可能无限期延长。大脑皮层不得不在出生后继续生长发育，这就使得在出生后还继续生长发育的大脑，在生长发育的同时呈现功能，并在后天社会生态环境因素的刺激交互作用下，随着大脑发育进程，形成循序渐进的学习和思维能力，完善知情意的整体综合心理功能。人类出生后的大脑继续发育，已经不可能不在与社会生态环境交互作用下进行，儿童躯体生长发育，心理发育和性成熟期，因为出生后大脑的继续生长发育而需要更长时间。人类与大脑进化相应的生存行为变得更趋复杂，独立生活需要具备的生活知识和生存技能必须依靠后天学习获取，所需时间同样相应增多。**人类的迅速进化，促使受发情期影响的生殖周期和世代交替周期**

延长，以至发情期逐渐成为限制繁衍后代速度和人口数量增加的消极因素。对于生活在自然生态下，食物来源不稳定，天灾频繁，饥饿，天敌，疫病，生存安全缺乏保障，婴儿死亡率高，青壮年夭折多，平均寿命短的原始人类来说，繁殖速度和人口数量是决定是否具有生存竞争优势的重大因素。单胎生殖，怀孕期长达九个月，再加上需时十年以上，甚至还在继续增长的生长发育和性成熟期，对于人类来说，如此长的世代交替周期，凸显出发情期对人口增长速度的限制，严重影响着生存竞争能力的提升。这一切就构成了发情期对人类继续进化的重大障碍。

就在人类生存进化的这一关键阶段，发情期逐渐消退，生殖活动受发情期的限制相应减弱。发情期从消退到消失，将非常有利于加速后代繁衍，从而有可能使人口数量增多，生存竞争优势得以因此增强。

自然生态环境下发情期的重大生物学意义，除了保证动物可以在食物丰富的季节繁育后代外，还在于动物在非发情期状态下没有求偶行为，从而确保了动物生殖健康和生育期安全。继承了哺乳动物发情期的早期原始人类，生殖健康和生育期安全同样要依靠发情期与非发情期的周期性轮回得到保障。完全依靠自然生态环境条件生存的早期原始人类，生存能力还不足以在食物匮乏季节生育哺养后代。这意味着在当时的自然生态下，因基因变异导致发情时间偏离发情期，或因内分泌功能出现生理性紊乱而在非发情期发情的个体，偶尔也能怀孕生育。然而由于食物欠缺，不能泌乳或乳汁不足，也缺少防寒保暖方法，婴幼儿通常均会夭折。自然选择通过自然淘汰机制，淘汰了非发情期出生婴儿和他们父母的遗传基因，强化和巩固了发情期。

随着原始人类大脑的初步进化，智力有所提高，开始创造和使用原始生产工具，生存能力逐渐增强，获取和储存食物，冬季防寒保暖的能力都逐渐获得提升，哺育和保护婴幼儿的能力也随之增强。与此同时，原始部落生活和生产活动的组织性也在增强，早期社会生态环境已开始同步形成，原始人类不再消极被动地完全依靠自然生态环境生存，而是在努力创造一个有利于人类生存发展，更可依靠的社会生态环境。从自然生态下改变自身以适应环境的被动生存，跨越到社会生态下改变环境以适应自身的主动生存，是原始先民在从猿向人进化的过渡中迈出的，决定未来命运的关键一步，也是最终逾越横在人兽之间的一道为其他动物物种所不可能逾越的鸿沟。**作为这一进化质变标志的历史性事件，就是性禁忌的确立，促使人类发情期最后消失。**

为了迈出这一步，说时虽快，那时却迟，至少经历了数十万年，甚至上百万年的漫长岁月。在这一过程中，因基因变异导致发情时间偏离发情期，或因内分泌功能的生理性紊乱而在非发情期发情的个体，偶尔在非生育季节怀孕生育产下的婴儿，在原始人类综合生存能力增强的进化阶段，就有可能存活下来，而且存活率还会与原始人类的生存能力同步提高。非发情期生育的后代数量越多，原始人类人口的增长速度越快，数量越多，越有利于生存竞争优势的提高。此时，发情期逐渐变得模糊不清，重要性因此受到削弱，进而变得无足轻重，直至完全消失。**发情期消失为人类消除了继续进化的障碍，但是也引发了原始人类的重大生存危机。**

随着发情期的重要性的削弱，发情期从逐渐变得模糊，直至完全消失，期间必定经历了一个极为缓慢的漫长过程。如果原始人类不能在发情期逐渐模糊消失的过程中，确立起保护生殖健康，维护生育安全，在哺乳期确保母子平安哺乳和婴幼儿健康成长的社会行为规范，亦即性禁忌，人类就有可能无法克服发情期消失这一进化矛盾而灭绝。因此发情期绝不可能是戛然而止的，人类进化史上也不可能出现这种现象。

尤为重要的在于，**如果不能确立作为原始部落社会行为规范的性禁忌，原始人类不能用社会生态环境的后天习得行为规范机制，取代自然生态环境的发情期的先天本能行为机制，以保持生殖繁衍行为的有序化，发情期就不可能最后消失。**发情期不消失，原始人类就永远不能完成从自然生态生存模式向社会生态生存模式的过渡。这就意味着原始人类最终为自然选择所淘汰，或者因没有可能跨越从猿到人的鸿沟，而只能够停滞在人猿阶段，依旧是保留着发情期的高级猿类，地球上也就永远不会出现如今的现代人类。**性禁忌的这一特殊重大意义是绝对不容低估的。**

依靠性禁忌克服生存危机，成功完成向发情期消失过渡的原始部落，性禁忌必然会得到进一步强化。当性禁忌从强制性的被迫接受，到不再有人公开反抗而普遍接受，进而习以为常时，便成为部落的习俗。**性禁忌一旦被习惯地自发遵守，就成为有利于生存繁衍的部落性习俗，原始部落社会的文明程度相应提高，生存能力也得以增强。**随着社会文明的不断进步，到了古代社会，形成民族，建立国家，性禁忌逐渐发展成为性习俗和性道德，进而形成有关性与婚姻制度的法律。遗憾的是，在数以万年计的漫长岁月中，尚无文字记载的人类，已经不可能对性习俗和性道德的成因存在任何记忆。古代文明出于生存需要，还能继续传承遵循，但是到了近代，自恃懂得"人性"的现代人，则视传统性道德为禁锢"人性"的桎梏。

原始社会的性禁忌，以及由性禁忌发展而来的古代传统性道德的成因，均被历史遗忘，这绝非偶然。因此而产生的消极后果，在于出现违反人类进化史的严重历史性错误认识，人为割裂性与生殖，把追求非分性愉悦合理化、科学化、普遍化、大众化，因而由此衍生出极为恶劣的社会淫乱色情危害。《金赛报告》和"性革命"是最突出、最典型的时代事件。

之所以造成人类对性禁忌的遗忘，必有其深刻的的历史原因。其中最主要的是性禁忌从形成到消失，虽然对人类进化起到过不可估量的重要作用，甚至怎样赞誉都不为过，但经历了极为漫长的数十万年，乃至更长时间的沧桑岁月，由于不可能有文字记载，最终没有能留下任何史料。至于仅有的太平洋岛屿和热带丛林残存至近代的少量原始部落，作为原始部落社会的"活化石"，但可资参考的性禁忌内容和数量过少，而且支离破碎。又何况不仅没有从积极的层面得到深入研究，相反被视为"性禁锢"，甚至从这些部落残存的原始性自由痕迹中，找到现代人类应该重获性自由的证据，因此更不可能受到正视。由于这些部落与世隔绝，脱离原始社会文明进步主流，性禁忌不能继续得到完善，原始性自由未被彻底清除，才造成了这些部落社会的文明进步迟滞。当整个人类已经开始进入现代文明时代时，他们仍然在荒岛和丛林里无望地苦苦挣扎，乃至苟延残喘至今。这表明，如果人类在约束和调控生殖本能的自然生态机制发情期消失过程中，不能同时确立起严格有效的相应社会生态机制，原始人类就不可能逾越从人到猿的进化鸿沟，陷于生死攸关的生存危机，而海洋孤岛和热带丛林的残存原始部落正是处于这种状态的不幸者。他们若是没有能被现代人类发现，仍然处于自然生态状态，那么等待着他们的最终结局，也只可能是继续无限期地滞留于这种可悲境地，直至最后为历史无情淘汰。尽管到头来，他们对发生在自己身上的悲剧始终一无所知。

性愉悦与人类的生殖本能

—— 发情期消失引发性与生殖分离的进化矛盾

与原始动物同时形成的最早基因程序是复制自身的生殖基因，也即生命最重要、最核心的基因是动物的生殖基因。生殖本能是生殖基因复制自身繁衍后代的自然表达。人类的生殖基因继承自人祖古猿的遗传基因。灵长类动物与所有的哺乳动物一样，属于有性繁殖的脊椎动物物种，而脊椎动物的原始生殖本能早在四亿多年前的水生脊椎动物鱼类阶段时就已形成，并极为稳定地植根于遗传基因结构的程序之中，有着高度稳定遗传保守性。鱼类的生殖是体外受精，海洋中成群的发情期雌鱼和雄鱼聚集在产卵场，雌鱼往水中排出卵子的同时，雄鱼在近旁排出精液，鱼卵在水中受精，鱼苗自然孵化。卵子数量大，精子数量更大。成鱼通常没有保护幼鱼的本能，幼鱼即使成活率很低，也因数量巨大而依然能继续生存繁衍下去。鱼类的生殖活动过程相当简单，原始生殖本能行为也不复杂。**由于原始生殖本能对生命物质的传承延续具有决定性意义，本身就是生命物质的核心成分，因此具有不可动摇的稳定性。**

人类所继承的生殖基因，源自有两亿六千万年进化史的哺乳动物，存在的历史年代久远，非常古老。雄性哺乳动物有着无限产生精子的能力，普遍具有强烈的主动性和侵犯性，以及争夺并占有多个雌性的多配偶倾向。男人所具有的先天生殖本能行为，实际上都取决于生殖基因的自然表达。而哺乳动物继承的脊椎动物生殖基因，又可以往上追溯到爬行类、两栖类、鱼类。脊椎动物的生殖基因是随着物种进化，逐级建立在前一代物种遗传基因基础之上的，早在动物进化处于仅有低级神经中枢的阶段时就已形成原始的生殖基因，因此生殖基因的本能表达是以低级神经中枢的非条件反射形式出现的。**原始生殖基因程序的分子结构稳定不变，功能的自然表达极为顽强，体现出生命物质运动生生不息，不可抑制的坚韧特性。**在动物进化过程中，随着动物的进化，当不同物种的生存环境和生存方式发生改变时，自然选择能够通过高一级的神经中枢对其进行相应的适应性调整，使之形成新的适应性表达方式，表现为适应性更强的生殖繁衍行为，但是原始生殖基因绝不可能发生可能影响遗传性的变异。

生殖本能决定着动物生生不息的生育繁衍，然而雄性动物狂野不羁的生殖本能，主动性、侵犯性、争夺女性的暴力打斗，如果完全失去控制而成为无序行为，就会危害动物种群的正常生存活动。发情期正是自然生态下动物在进化过程中，由自然选择形成的，能够约束生殖本能对动物有序生存活动的干扰，更好地适应自然生态环境而形成的，对原始生殖本能行为进行修正和调控的自然生态机制。**发情期形成的时间远晚于原始生殖本能，并且发情期不是动物的自主行为，而是由神经内分泌机制支配的非自主生理过程。**因此自然生态下动物发情期的形成，以及形成后对动物原始生殖本能的调控，均由高于发出生殖本能欲望冲动的低级神经中枢部位的植物神经系统神经内分泌中枢下丘脑控制。**发情期植根于基因程序，具有遗传保守性，属于内脏的先天本能行为，然而控制发情期的遗传基因形成时间远晚于原始生殖基因，其稳定性远不如生殖基因稳定。**

生殖基因是生命物质的本源，作为生命的基础必然极为稳定，从生命物质的本质上说，它是不可能削弱或动摇的，否则就意味着生命的毁灭。而发情期只是对原始生殖基因的一种相对于环境变化的适应性调控机制，可以在特定的生存环境中形成，随着环境的变迁而改变，也可能在物种进化过程中失去存在意义，甚或成为阻碍进化的消极因素而被淘汰、消失。**人类发情期的消失，就是因其失去存在意义和最终成为阻碍人类继续进化的消极因素。**然而人类所继承的哺乳动物生殖基因却稳定如初，即使山崩地裂，泰山倾塌，也绝不可能被撼动，更不可能因发情期消失而出现丝毫削弱和动摇。由于发情期在调控哺乳动物生殖繁育活动中的重要功能，致使原始人类在发情期消失的过程中出现进化矛盾，发生了追求性愉悦与生殖分离的现象，严重破坏生殖健康和生育安全，引发了生死攸关的生存危机，也给现代人类留下了为追求非分性愉悦而强行割裂性与生殖的重大隐患，困扰现代人类千万年而茫然不知其所以然。

人类所继承的动物原始生殖本能，从内涵到外显都属于一个完整的生殖生理过程。动物受性欲驱使为获取性愉悦的求偶活动，则属于这一完整生理过程的部分外显行为，可见性欲是生殖欲，性器官是生殖器官。因此，**性不存在可从生殖生理中分离出来的任何生物学意义。**

生殖本能决定了受先天本能支配的雄性动物，在生殖与本能欲望的驱使下，为发泄性欲追逐雌性，以获取性愉悦满足，而并不知道，也不必知道后续的生育和抚养后代的生命传承历史使命，因为生殖本能同样也支配着动物履行后续的生育抚养责任。由于**生命物质运动的自然规律决定了动物的性与生殖不可能割裂，人类的性行为与生殖繁育活动同样也不可分离。**然而人类却与动物一样，受生殖本能支配的男人，在生殖本能欲望的驱使下，为发泄性欲追逐女性，以获取不承担生育繁衍责任的性愉悦满足，把性愉悦作为享乐而并不理会，也不顾及作为社会行为规范的传统性道德约束，违背自然规律，人为割裂性与生殖不容分离的生命科学原则，以至引发一系列危害社会的严重后果。

生育繁衍后代是每一代动物与生俱来的生命传承历史使命，崇高而又圣洁，不可亵渎。人类作为地球上唯一能意识到自己是生命，自命"人为万物之灵"，又自称"天之骄子"，并以此感到自豪的理性人类一员，就更应自觉地遵循自然规律，做一个顺乎天理，合乎人伦的文明人，而不应该发生，更不应该放纵连动物都会受制于发情期的原始生殖本能行为。动物的原始生殖本能行为，可能违背自然规律，因为非理性的动物不可能具有生命科学知识，没有社会行为规范，仅仅凭先天本能行事。**而理性的人类则不然，决不应该认为动物能有的行为，人类也**

应该可以容许，这是把自己降格为非理性的动物，违背自然规律，有悖于天理人伦。

就生命科学的自然规律而言，由自然选择机制形成的有性繁殖生命，只有繁衍后代的生殖本能，并无独立于生殖繁衍之外的性本能。性愉悦是动物进行求偶活动时，生殖生理过程中产生的一种特殊心理反应。在生殖繁衍过程中，只有既是对生殖行为开始时的奖励因素，又是对后续的生殖繁衍和抚育任务进行激励因素的生殖愉悦，而并不存在独立的，与繁衍后代无关，可供寻欢作乐享受的性愉悦。违背生命科学的自然规律，人为割裂生殖生理过程的"性与生殖"错误概念，掩盖了生殖本能和生殖愉悦存在完整性的生命科学实质，致使人类陷入与生命繁衍无关，单纯追求独立于生命生殖繁衍的非分性愉悦灾难，千万年来难以自拔。

弗洛伊德之所以会如此重视性，以至把性作为心理动力学的理论基础，试图用泛性论来解释人类的心理现象，用精神分析来矫治心理障碍，并用于医治精神疾病，其根本原因就在于接受了违背自然规律的性与生殖分离错误概念。他提出所谓口欲期、肛欲期、童年期的性压抑等泛性论概念和学说，还继续为当今的心理学和性学应用；更被热衷于性自由的金赛主义性学家违反生命科学自然规律，提倡人体器官滥用，把消化器官的口腔，直肠肛门错位滥用于追求性愉悦的性活动。事实上，躯体的任何生理欲望的满足，都会伴生相应的心理愉悦反应，但是人体感受到的性质和强弱却与性愉悦全然不同。弗洛伊德把不同性质的心理愉悦都混同为性愉悦，并以此作为泛性论的基础。由于口欲满足，实质上是婴儿通过吮吸乳头吸奶，在获取食物的生理过程中产生的生理心理反应，显示食欲满足时的愉悦感；肛欲满足，则是婴儿排泄粪便时，粪便刺激肛门口皮肤产生的生理心理反应，显示排空废物时的愉悦感，两者均与性无关。成年人的口交，同性恋的肛交，口腔和肛门虽然也可引发口腔和肛门的某种愉悦感，但是这并非性愉悦。口腔和肛门是消化器官，不是性器官，用于性交违背了自然选择决定的人体器官正常功能。况且与生殖器官无关的愉悦，性质不同于性愉悦，不能与性愉悦混为一谈，更不应等量齐观，因此不能将儿童的口欲和肛欲混同于性欲。青春期前儿童，如果生殖器不受任何意外的或人为刺激，不受成年人或同龄人的教唆引诱，不接触任何形式的色情诱惑，完全可以处于生殖系统功能静止下的无性状态。这是性成熟以前的正常阶段，符合儿童生长发育的自然规律，绝不会影响身心健康和正常发育，也不会影响婚后正常性生活。至于儿童的阴茎勃起，实际上胎儿期就已存在，这仅仅表示勃起功能正常，而绝对不是有性欲求，并且往往是因为膀胱充盈或阴茎受刺激。不受性教唆，儿童极少会有自发的手淫现象。儿童的性健康教育应只限于性别教育，绝不应该拔苗助长，人为唤起儿童的性欲意识。**所谓"儿童性权利"，"未成年人性权利"，"少女性权利"，都毫无自然科学依据，纯属金赛主义者主观臆断的无稽之谈，对社会、对儿童和未成年人都极为有害，因此绝无理由作为法律的立法根据。在**

传统性道德受重视的年代，儿童受到性保护，只有极少数儿童，因为某些原因手淫或性游戏成癖，又遭成年人的粗暴斥责，否则，极少有所谓的童年期性压抑。**所以弗洛伊德精神分析学说的童年期普遍存在性压抑是缺乏事实依据的**。童年期性压抑是弗洛伊德的主观臆断，在进行精神分析时，往往是精神分析师，用诱导性提问对患者进行暗示的结果，并且以此作为合理化的理由，使接受这种分析的心理障碍患者借此得到疏泄，而并非患者真实存在童年期性压抑历史。尽管泛性论早已受到诸多学者的批判和否定，然而均未能找到真正的错误根源。当然，不能因此全面否定弗洛伊德，但其以性为核心，并曾经被认为精髓的部分就值得学术界深思。

性欲的本质是生殖欲望，性欲就是生殖欲，由生殖生理启动的求偶心理冲动形成性欲。性欲驱使动物出现追求异性的求偶行为，使雄性的精子有可能进入雌性生殖器官，最终实现与卵子的结合，奏响新生命乐章开始的序曲。繁殖后代和世代交替是生命物质最重要、最本质的特性。生殖繁衍特殊的重大意义，决定了性欲和性愉悦强烈程度的无可比拟性，因此成为自然选择赋予人类所有的生存活动中，最炽烈和最奇妙的心理愉悦感。既是最高的奖励，又是最强的激励；既是一种无与伦比，被称为"销魂"的欣快感，又是一种无法形容，难于抗拒的诱惑力，更是一种不可摆脱，激起再次求偶激情的驱动力。生命传承活动作为生命物质运动最重要的核心行为，决定了生殖生理过程的极端重要价值，性愉悦也就必然成为动物，也包括人类生殖生理过程中产生这一生理心理反应的特殊性，因而形成了人体所有生理愉悦中，对人类具有永恒诱惑力的独特性质。

早期原始人类完整地继承了人祖古猿的神经系统，包括大脑和大脑以下所有的低级、中级中枢神经系统解剖结构。而现代人类在经历了从猿到人的大脑进化后，除了具有最新发育进化的高级神经中枢大脑皮层外，大脑以下的的中、低阶中枢神经系统在短暂的四百万年间基本不会发生变化。

这就是说，现代人类基本上全部继承了原始人类的遗传基因，而原始人类继承的是人祖古猿。再从人祖古猿一代代往上探索，一直可以追溯到低等脊椎动物的生命核心遗传基因——原始生殖本能的基因程序。

自然生态下，所有由自然选择形成的生存本能行为，形成过程极为缓慢，都植根于遗传基因，具有稳定的遗传保守性，代代相传，表达为非条件反射的先天本能行为。物种不改变，基因不改变，先天本能行为也不会有变化。现在人类的新生婴儿，刚出生时强劲的抓握反射，便是四百万年前人祖古猿，乃至数千万年前猴类，营树上生活最重要的先天生存本能。刚出生的猿猴如果无此先天本能，没有强有力的非条件抓握反射，很容易从树上掉下夭折。但是对现代人来说，新生儿抓握反射虽然早已失去生物学意义，但是历经数百万年漫长岁月也未曾消失。至于生殖作为生命最重要的生存核心本能，其遗传基因更源自数亿年前极为古老的脊椎动物，历史悠久的遗传基因结构高度稳定，遗传保守性也同样稳定，虽历经亿万年，生物继续进化，物种变了又变，"如积薪耳，后来居上"的遗传基因程序，越是在上的，形成时间越晚，进化时间越短，就相对容易改变；而越是在下的，越古老的，形成时间越早，进化时间越长，就越难于改变，甚至完全不可能变。这便是"食、色，性也"的"食"和"色"，因此原始生殖基因是不可能发生改变的。基因不变，雄性动物，也包括古代和现代男人，生育年龄期间能近乎无限地持续产生大量精子的能力，生殖活动的主动性和侵犯性，以及多配偶先天能力，已经稳定地传承数亿年，而且必然继续稳定地传承下去，绝无可能在几千年，甚或几万年中出现明显的自然变化。原始人如此，古人如此，今人仍然如此，在可预料的未来依然不可能见其改变。出于这一原因，表面上，现代男人因强烈性欲冲动，以旺盛高亢的热情和无限精力去追求女性，发泄性欲，为获取性愉悦而频繁进行"性活动"。实质上，则有其生物学根源，那便是受先天原始生殖本能欲望的驱使，难以克制地去进行繁育后代的生殖活动。然而这种**仅仅以寻欢作乐为目的，而与传承生命繁衍后代无关的追求性愉悦，是以"性与生殖"分离为基础的，已经全然违背自然规律，成为文明人类不易治愈的顽症痼疾，也是自古以来始终难于解决的重大社会难题。**

然而金赛与将性与生殖分离用于心理学的弗洛伊德有所不同。他不仅仅是性与生殖分离概念的接受者和身体力行者，更是以"有悖逆诈伪之心，有淫泆作乱之事"而殚精竭虑，不择手段，妄图使全人类坠入性与生殖分离的深渊，实属罪孽深重的"灭天理而穷人欲者也"！因此必然沦为加深人类发情期消失引发的性与生殖分离进化矛盾，加剧由这一进化矛盾造成的社会文明进步危机，史无前例地使全人类遭受性与生殖分离灾殃的性革命始作俑者，一个反社会、反文明、反人类，违反生命进化自然规律的恶魔，一个永远被钉在耻辱柱上遗臭万年的历史罪人。

金赛受自身非理性原始生殖的本能潜意识驱使，本能地反抗传统性文明对原始生殖本能的严格社会约束。他首先否定和背叛了基督教的传统性道德，并在自己的观念中对非理性的性乱行为进行合理化，亲身组织和参与性乱实践，放纵性欲以追求和获取非分性愉悦。当他肯定自己对宗教的叛逆行为时，却全然认识不到宗教是人类古代文化的重要载体，而基督教的传统性道德，正是宗教对人类文明进步的历史性贡献。他错误地自以为是性的革命者，于是决心把他的非理性原始生殖本能行为推向美国社会，乃至整个人类。为此，他违反科学的实验研究方法，竭其所能，不择手段地搜寻符合他需要的资料，拼凑数据，杜撰理论，编写了伪科学的《金赛报告》。世人之所以容易受金赛主义"性自由"蛊惑，对性自由生活方式趋之若鹜，同样是因为受原始生殖本能欲望的驱使，完全不可能意识到激情无限地放纵性欲，仅仅是出于在接受金赛性自由观念的同时，已经摆脱了社会文明对性本能意识的理性约束。至于贪得无厌地追求性愉悦满足，更非什么天赋的"性权利"，而仅仅是因为受与生俱来的原始生殖本能欲望的驱使，身不由己地自发践行繁殖更多后代的动物生存竞争本能，一种完全出自动物先天的非理性原始本能行为，而并非现代人后天习得的理性文明行为。"性革命"前的绝大多数现代人，或者迄今未接受性自由观念的人，为什么能保持相当严格的自我克制，而不像动物求偶那样，不拘场合和不知羞耻，则完全是后天性道德的文明礼教所使然。传统性道德堤坝一旦决口，人欲横流，社会难免陷入淫乱。

同样，现代的年轻男女也根本不可能意识到，他们在公共场合的拥抱、亲吻、抚摸，只不过是受动物原始生殖基因自然表达驱使的非理性本能亲昵行为，原始人类早已有之。中国古代称之为"性前嬉"，纯属房室内性事隐私。早期原始人类与动物一样，生殖器官裸露，性活动是公开的。对性活动的羞耻感是文明人类后天习得的特有心理，因此不知羞耻的行为，包括像金赛那样热衷于参与的天体营裸体活动，并非文明之举。

现代人类已经成为世界上最强势的物种，人口数量应该说已经饱和，地球就这么大点，再也不需要无限繁殖后代的生存竞争优势，可是为什么人类的生殖本能就没有随之发生相应的适应性改变？原因就在于，亿万年前由自然选择机制决定的遗传基因根深蒂固，变异极为缓慢，生殖则是生命最为重要的基本生存本能，与此相应的生命生存核心基因同样也最为稳定。作为动物最核心的生命传承物质基础，原始生殖基因基本上是不可改变的，几十万年，几百万年，乃至更长时间，根本不可能发生变化。实际上数亿年来也不曾发生过能为人类觉察的变异，更不必说有可能在几千年，几万年中出现变异。因发情期消失，性愉悦与生殖分离而引发的进化矛盾，尽管已经困扰人类几万年，几十万年，数百万年，然而根深蒂固的原始生殖遗传基因，完全没有可能在此期间出现变异，基因所表达的动物本能行为却又极为顽强，并且还将持续下去。**唯一能够缓和这一矛盾的应对之道，只可能是强化全人类的性道德教化，用后天习得的理性文明行为，来抑制先天的非理性本能行为，而决非解放"人性"的"性革命"和"性解放"。**因为解放的非但不是"人性"，反倒是哺乳动物的兽性。"性自由"的本质则是放纵追求性与生殖分离的非分"人欲"——违背自然规律的性愉悦。

　　《金赛报告》是数据作伪和理论虚构的伪科学，因而必然违反符合自然规律的传统性道德和婚姻法律制度。金赛"性革命"和由此引发的"性自由"生活方式，完全是缺乏科学依据的伪科学产物，违背天理人伦。悲剧往往是出于无知，而世界上最大的无知，便是无知者无知于自己的一无所知，这里指的是"性革命"始作俑者金赛。作为西方"性学之父"的经典之作，"性革命"理论基础的《金赛报告》之所以能煽起世界规模的性动乱，原因首先在于金赛对传统性道德的成因、历史价值和现实意义一无所知。凡是涉及社会生活的伪科学，都有着一套貌似科学的理论，因为披着科学外衣，所以欺骗性和社会危害并不亚于邪教，甚至有过之而无不及。《金赛报告》迎合受文明社会规范数千年压抑的人类非理性生殖本能，激起了积压在公众本能意识中的生殖本能冲动，引发了性革命，形成了反文明、反社会的非理性"性自由"生活方式。但这是违背自然规律的，因而必然成为危害人类生存进化和破坏社会文明进步的伪科学。伪科学不是科学，学术自由和言论自由不适用于伪科学。金赛的伪科学理论不属于学术范畴，而是属于违法犯罪的法律问题。

西方的"性解放"、"性自由"，中国的"性观念转变"、"性观念开放"、"性开放"，都属于伪科学非法煽动"性革命"的口号。有鉴于由《金赛报告》引发的"性革命"，对传统性道德和一夫一妻婚姻制度造成的严重破坏，已经充分暴露出金赛理论违反自然规律，违反人类生存进化和社会文明进步的反社会、反文明、反进化、反人类的伪科学本质。从法律高度看，其对于社会破坏性极大，造成危害极其严重，影响极端恶劣。可见金赛伪科学，其社会危害比邪教更有过之而无不及。

金赛丝毫不懂得人类受生殖本能欲望的驱使，为满足性与生殖分离的非分性行为，为什么必须受社会约束，也完全不理解基督教的传统性道德对人类生存繁衍的重大意义，更不懂得人类的正常和健康性行为都必须符合自然规律，以及人体每一个器官系统，都有其特定的生命功能，都不可逾越自然选择限定的生理范围。任何器官系统在生理过程中发生的心理愉悦反应，都不容用于非分享乐，其中最主要的是性愉悦。如果违反了自然规律，必定遭到惩罚。这就是传统性道德必须严格遵守，必然继续传承下去的根本原由。

人类的生殖本能行为，在经社会规范限定和调节，即建立法定婚姻关系后才得以进行。随着性愉悦而完成的授精和受精，仅仅是生命传承使命的开始，而绝不是结束。此后还有着后续的，更为重要的生育和抚养后代任务。**生命物质运动的规律，在于生命传承的重要性高于一切，生育和抚养后代，保证后代健康成长，发育成熟，具备独立生存能力，一代生命的传承使命才得以完整地圆满完成。**男性由于没有妊娠、分娩、哺乳的直接责任，就更容易在多配偶本能欲望的驱使下，单纯为追求性愉悦而贪得无厌地放纵非分性行为。

性器官是生殖器官，其功能是繁殖后代，性愉悦只是整个生殖生理过程中的一个生理心理反应，一个附属的非本质环节，而绝不是生殖器官功能的终极目的，所以决不能将性愉悦视为生殖器官的功能。否则，性器官就因此被异化，脱离生命繁衍使命的遗传基因正常程序，沦为可以单纯用作获取愉悦的享乐工具。视性愉悦为与生殖无关的享乐，无疑违反自然选择形成的完整生殖生理过程，因而成为对生命传承全过程的破坏，违背了自然规律。**所谓"性器官具有享乐功能"的说法没有生命科学依据，非但不能成立，并且极端有害，因为违背了生命生存活动的自然规律。**

自然生态下的动物，不存在性与生殖，或性欲与生殖欲之分，也不存在追求与生殖繁育分离的性愉悦，只有以通过求偶获取性愉悦满足的生殖行为。动物完全不可能知道随之而来的，还有一系列与生育、抚养后代有关的后续历史使命。完整的生殖繁育是在受自然选择形成的遗传基因程序支配下，本能地承担起履行全部抚育后代的责任。因此动物的生殖行为虽表现为非理性地追求性愉悦的本能活动，但却不存在单纯追求不承担生育、抚养后代责任的性愉悦。

从生命生存进化规律来看，自然选择无意识、无目的地形成的动物生殖本能，决定了动物完全可能在自然生态下，依靠具有遗传性的发情期约束和调控原，进行原始生殖本能行为，通过性与生殖不可分离的生育繁衍世代交替，完成履行生命传承的历史使命。

"食、色，性也。"没有强烈的食欲，动物不可能进行觅食以获取营养；不受强烈的性欲驱使，动物就不可能完成生命的繁衍和传承。因此动物在整个生存活动过程中，所有的欲望满足和愉悦感，都与躯体生理需求，与相应器官系统正常功能的进行和完成紧密联系，并完全保持一致。饥饿令动物产生食欲，食欲驱使动物觅食，进食时动物通过舌表味蕾获取美味的心理愉悦，饱食后的饱腹感也是一种心理愉悦。然而心理愉悦不是消化器官生理功能的目的，目的是从食物中获取营养。美味只是促使进食的激励因素，只有美味而无食物，口惠而实不至，没有食物的实惠，动物是不能生存的。并且饱餐后的动物，不会因追求美味的心理愉悦而继续非分进食，味道再美也不会。饱餐后的猛狮不会捕杀近处的羚羊，秋天的熊看似无限贪食，但是它能把吞下的食物都消化吸收，转化成脂肪储存起来供冬眠之需。同样是"食、色，性也"，不但动物的觅食不存在与躯体生理需求分离的非分食欲追求，而且动物也没有违反自然规律的性活动，不可能在非发情期追求无须承担生育、保护和哺育后代的性愉悦。

在自然生态条件下，生存竞争激烈，生存难度很大，没有足够强烈的欲望驱动，动物就没有可能在生存竞争中取得优势。因此动物的任何欲望都很强烈，但是再强烈也属于生存活动的需要，决不会超出生理需求，其中也包括受生殖本能欲望驱使的性欲冲动引发的求偶行为。

绝大多数有性繁殖动物的物种都具有发情期，成年动物只在发情期有求偶行为；未成年动物不发情，没有求偶行为，发情期雄性也不会侵犯不可能发情的未成年雌性。非发情期时，成年动物不发情，没有求偶行为，因此动物不存在性与生殖分离的性行为。

继承了高等古猿生物学性状的早期原始人类，在自然生态下仍然保持有发情期。与动物一样，早期原始人类不可能知道性行为与生殖繁衍之间的关系。出于由自然选择决定的本能，只在发情期才会出现求偶行为，男性也只与发情的成年女性交配，本能决定他们不侵犯不会发情的女童和未成年女性，只是在性的本能欲望驱使下追求性愉悦。性冲动促使他们在种群，或者说早期原始部落许可的范围内选择和争夺配偶，在求偶活动中获得性愉悦。发情期结束，求偶活动也随即停止。从黑猩猩种群罕见亲子乱伦的事实，有理由推断存在发情期的早期原始人类也不乱伦，同样具有由自然选择形成的避免物种退化本能。发情期结束，早期原始男人不再追求性愉悦，求偶活动停止，具备怀孕条件的成年女性进入妊娠期。所有后续的生殖生理过程，包括分娩、哺乳、抚育、传授生存技能等都遵循由自然选择决定的生存本能顺序进行，他们基本上与古猿相似，全然不知道追逐配偶和获取性愉悦仅仅是生殖活动的开始，也没有随后会出现与性行为直接关联的妊娠、分娩、哺乳、抚育后代的意识，更无所谓对配偶和后代负责的自觉性。所有求偶生殖行为和后续的生育、抚养活动，都由生殖本能的天性决定。性与生殖不可能分离，不存在与性行为相关的是非善恶观念。因此早期原始人类只有性欲望和追求性愉悦的原始生殖本能意识，而性欲望的本质是生殖欲望。在自然生态下，"人欲"与"天理"完全一致，性欲追求与生命生存进化的自然规律是统一的，性欲望就是生殖欲望，并不存在合理的正当需求与非分"人欲"的区别。

失去发情期的人类生殖本能是非理性的，晚期原始人类如果不受性禁忌约束，现代人类如果不受传统性道德约束，不坚持性与生殖不可分离的社会行为规范准则，就会陷入淫乱，危害社会文明进步，伤害自身健康安全。人类与任何哺乳动物物种都处于平等地位，无意识的自然规律对于一切生命是一视同仁的，对所有动物都是如此，人类也绝不可能享有例外的恩赐。当今现代人类应该从万古性谜团的噩梦中苏醒，认识自身生殖本能的非理性本质，做一个自觉的现代文明人。

"天人合一"，发情期消失与社会选择

——人类快速进化的社会生态环境选择压力

原始人类发情期消失不是出于自然选择，而是社会选择机制。为此有必要深入阐明什么是社会选择，亦有助于深刻理解发情期消失的社会选择进化机制。

在从猿到人的进化过程中，人类失去了对于哺乳动物极为重要的生物学性状发情期。与古今存在于地球上的所有哺乳动物物种相比较，人类的生殖行为从那时起发生了史无前例的重大变化。对当今人类来说，这就是发情期丝毫未留历史痕迹的悄然消失。发情期对于哺乳动物的生存进化既然如此重要，人类的发情期为什么会消失？怎么可能悄无声息地消失？是什么时候消失的？消失过程会是怎样的？最为重要的是，没有发情期的人类是通过什么机制确保了生殖健康和生育安全，才得以平安生存下来的？

完全有理由推测，人类确实是在进化过程中失去发情期的。从人类进化史上可以发现，与人类失去发情期的同一时间，同样的自然环境里，还同时生存着大量其他哺乳动物的物种，却没有一个物种失去发情期。这就表明，**人类发情期消失并非出于自然生态的环境因素**。

在人类进化的大约四百万年间，虽然出现过冰河期，但冰河期的气温和自然环境变化是一个相当缓慢的过程，不是激变，不会使大量物种突然灭亡，也不可能在短时间内使某个物种产生大量基因突变。并且原始人类并没有单独处在一个激变的自然环境中，而是在同一生存环境中与其他哺乳动物物种并存的。

总的来说，在人类进化的四百万年期间，地球上的自然生态环境基本上是相对稳定的。在相对稳定的自然生态条件下，环境对于生物进化的选择压力是有限的。表现在与人类迅速进化的同时，生存于同样自然生态环境中的其他哺乳动物物种，进化都很缓慢。其中最有可比性的则是灵长类动物的猴类和猿类，尤其是高级猿类，至今都仍然保持着发情期。这就表明，不仅仅是发情期的消失原因，更有人类整体，尤其是大脑的快速进化，都不是自然选择机制所能解释的，不属于由自然生态环境选择压力造成的进化现象，不能以达尔文进化论的自然选择机制解释。不能解释就意味着，促使人类进化的选择压力并非来自自然生态环境，而是存在着另外一种进化选择压力。

在自然生态下，由自然选择形成的动物发情期，是约束和调控动物原始生殖本能的自然生态机制。在动物依赖被动适应自然环境，依靠季节性食物来源生存的生存条件下，由于偶尔有雌雄两性同时或先后可能怀孕的短时间内，发生因发情期基因突变的个体怀孕生育时，婴幼儿均可能因食物短缺，乳汁不足而夭折，父母的突变基因随着孩子的死亡一起消失。自然选择的自然淘汰原则，保持着发情期的稳定不变。但是当原始人类获取和储存食物的能力，增强到足以能使存活到下一食物丰富季节时，具有发情期突变基因的后代，就因符合自然选择的适者生存原则，被保存下来继续生育繁衍增多。与此同时，保持着原有固定发情期的基因则相应减少。在数万年到数十万年，乃至更长的期间，发情期基因突变的个体和后代，逐渐累积增多，保持原有固定发情期的居民和后代却随之相应减少。再加上一代代婚配的基因杂交重组，原始部落居民的发情期逐渐变得模糊不清，直到最后消失。**发情期消失作为人类的体质进化，并非出于自然选择，而是社会选择。社会选择的进化环境选择压力，源自原始人类在变消极被动适应自然生态环境。**为积极主动改变周边环境，在人祖古猿原有的自然生态社会基础上，以增强集体力量提高社会的组织性和合作能力，使采集狩猎，食物分配，居住环境等变得较为有序和较多社会化程度，以有利于提高部落的生存能力。此时，原始部落的自然生态社会性质开始向原始社会生态社会转化。这种转化是原始人类有意识的社会意志行为，但他们并没有可能自觉认识到这一重要的社会转型。就这样，原始人类通过加强有组织的社会行为，创建了适应自身需要的社会生态环境。**在社会生态环境形成的过程中，原始人必须遵守越来越多、越来越复杂和严格的行为规范，包括部落成员所必须共同履行的，涉及生存活动多个方面的行为准则和禁忌。**例如密切社会人际交往所必需的规范化共同语言，从无到有，从简单到复杂，从不规范到规范的极其缓慢创建发展过程。从四肢落地爬行，前后肢体分工不明确，到直立行走，手脚分工明确，双手灵巧得可以从事任何精细工作。采集、狩猎、捕鱼的技能，野果能否食用的鉴别，猎物和鱼类的识别和不同捕猎方法，集体行动的规则；食物禁忌；性禁忌。**现代人之所以称这类行为规范为禁忌，原因是十分严格、严厉、严酷，甚至近乎残忍，尤其是性禁忌。而正是近乎残忍的严酷性禁忌，才促使人类的发情期最终消失。**诸如此类由社会生态环境产生所有社会行为规范，形成了进化环境选择压力，在数万年，数十万年，乃至上百万年，极为漫长的人类体质进化和社会文明进步历程中，这种社会生态环境下的进化选择压力，从不间断地持续增强，持久而又稳定，成为对加速人类进化最起决定性作用的因素，而在数亿年自然生态下动物的进化历史上则是亘古未有的，也是不可能存在的。出于同样原因，在人类进化的自然生态环境中也不可能存在社会生态环境的进化选择压力，与人类并存的哺乳动物依旧在微弱的自然生态环境进化选择压力下，极为缓慢地进化。如果自然生态环境中也存在人类社会特有的社会生态环境选择压力，动物也就可能像人类一样快速进化，但并未出现这样的客观事实。

人祖古猿的生存本能行为，属于先天非条件反射范畴，植根于稳固的遗传基因，是在漫长的进化过程中，由自然选择机制缓慢形成的生存方式。同样，自然生态环境也不存在可能产生改变这种本能基因的进化选择压力。人类唯有依靠大脑皮层的功能，通过后天建立条件反射的机制来调节和控制，强行建立属于条件反射范畴的后天习得行为，以抑制原始本能的先天本能行为。而这就是用严格的社会行为规范养成部落居民的理性行为，约束造成社会无序状态的非理性行为。原始人类的雏形社会生态环境，正是在这样的情境中萌生的。

原始人类虽然不可能知道什么是社会行为规范，更不懂得其中的神经生理机制，但是他们确实曾经这样做了，并且取得了伟大的成功，这才有了今天的现代人类。**由于原始人类的种种社会行为规范通常十分严格和严厉，甚至看起来非常残酷，因此现代人称之为"禁忌"。原始人类的这种智慧来自进化中的大脑，而大脑又在人类创建的社会生态环境中，因种种社会行为规范产生的强大、持久，且又稳定的进化选择压力下，继续迅速进化。可见，决定人类的大脑快速进化的机制是社会选择，而与自然选择并无直接关系。**

人类先祖高级古猿是营社会生活的物种，早期原始人类继承了这一生物学性状。随着大脑的发育进化，智力增高，原始人类从类似古猿的种群，到早期的原始部落，社会结构慢慢变得复杂，组织性逐渐增强，形成组织形式高于古猿社会的雏形文明社会。原始人类就不再生存于单纯的自然生态环境之中，而开始生存于自己开创的社会生态环境，社会生态环境是缓慢地出现在自然生态环境之中，并与之并存的。**然而正是从无到有，从简单到复杂的人类社会生态环境，最终决定了从猿到人的进化。**

原始人类生存环境中逐渐增多的社会生态因素，源自大脑进化产生的人类智慧。大脑越进化，智慧越高，部落的文明程度也相应提升。集体生活，集体采集，集体狩猎，部落成员之间的合作逐渐增多、增强，部落对成员的组织性要求随之增强，部落社会生存活动的有序化程度得以不断提高。其集中表现，则是部落成员必须遵守的社会行为规范的形成、增多，并逐渐强化。"食、色，性也。"就生产力低下，仍然具有发情期的早期原始人类而言，在非发情期主要是为获取食物，而在发情期则是繁衍后代。食物和生殖两项生存活动，就成为最核心的生存要素，整个部落，整年整月，终日里都在忙碌着这两件为生存所必需的大事。因此早期的社会行为规范也主要与获取和分配食物，以及生殖行为秩序密切相关。

大脑发育进化产生的智慧，使原始人类具备了逐渐增强的对外环境和对自身的观察和认识能力，增长了生存知识和生存技能，增进了人际关系的密切程度，进而促使知情意的整体心理能力发展越来越全面。智力水平的提高增强了人类的理性，促进了人类生存活动的组织化和有序化。原始人类继承的自然生态型猿类种群社会，随着日趋有序化的有组织生存活动，逐渐升华为人类的雏形社会生态型人类社会。社会生态型人类社会，属于人类特有的文明社会，其本质是为了保证整体社会成员的共同生存，为此必须以理性的社会行为规范，约束社会成员非理性的原始本能行为。**在这一过程中，原始人类的生存活动，开始从被动地改变自身，以适应自然环境，向着主动地改造自然环境，以适应自身需要过渡，因而在自然生态环境中，创建了有别于猿猴类属于自然生态种群社会的，独特的人类社会生态环境。**

　　原始人类建立社会生态环境的基础，在于确立生存活动的社会行为规范。采集和狩猎等生产劳动的知识和技能，制造工具的样式和方法，人际交流从眼神和手势到语言发音的技巧，部落成员在部落社会中的级别地位，食物的分配，生殖活动或求偶婚配的限制，祈祷神灵，祭祀祖先……部落的各种大小集体行动，都必须有共同遵守的统一行为规范。

　　在从猿到人的进化过程中，原始人类的生存活动，是一个从自然生态下与古猿类似的被动适应环境为主的生存，向着社会生态下人类以主动改造环境为主的生存转变和过渡的过程。一个从自然生态低级有序化的猿类社会，向社会生态高级有序化的人类社会的历史性转折。（从此，人类开始以大脑皮层功能的后天习得行为，调节控制皮层下中枢的先天本能行为；以理性行为约束非理性行为；以文明行为取代野蛮行为。）（"食、色，性也。"首当其冲的行为规范，便是对与食物和生殖这两种生命生存核心要素相关的原始本能行为，通过确立严格的社会行为行为规范，进行有效的社会约束。）

　　原始社会所有社会行为规范的重中之重，应该是约束原始生殖本能行为的规范，这就是原始社会的性禁忌。因为关系着人类的生殖健康和生育安全，决定着人类的生存繁衍。如果不能确立严格的性禁忌，有效约束部落成员的原始生殖本能，原始人类的发情期就不可能消失，从猿到人的进化就必然半途而废，地球上也就永远不可能出现人类。

　　任何生物，不论是动物，植物，抑或是微生物，都是大自然的一部分，都是与天合一的。自称为"天之骄子"的人类也不能例外，在生物学上属于哺乳动物灵长目的人类同样是"天人合一"的生物物种。人类社会是人类营社会生活的生存活动组织结构形式。人类社会作为人类的生物学性状，有如蚂蚁和蜜蜂营社会生活是昆虫的生物学性状一样。然而昆虫社会，不包括人类的哺乳动物社会，还有人类社会，虽然都有属于各自的生物学性状，但是三者却存在质的差别。昆虫与人类以外的动物社会都属于自然生态型，决定其社会结构形式和功能的是由自然选择机制形成的遗传基因，（而人类社会属于社会生态型，决定其社会结构形式和功能的是由社会选择机制形成的大脑皮层功能。）无论自然选择机制，抑或社会选择机制，都是遵循自然规律的，社会选择绝对不等于人类主观意志。

　　如果人类的婴儿落入狼群，为母狼收养哺乳，与狼为伍，在狼群社会环境里发育成长，就只能通过大脑皮层的后天学习机制，习得狼的生活习性，具有狼的生活习性和社会属性，并融入狼群，成为狼的社会成员。**即使尚未成年就回到人类社会，也无法彻底消除狼的生活习性和社会属性，难以形成完整的人类生活习惯和社会属性，再也不可能成为人类社会的正常成员。**一九二〇年十月在印度发现分别为大约两岁和八岁的两名女性狼孩，就充分表明这种事实。与营昆虫社会生活或人类以外动物社会生活的动物物种截然不同，这两类物种的后代如果自幼脱离原物种，在不受外界影响下，单独隔离养育到成虫或成年，稳定的遗传基因会使它们具有原物种的生活习性和社会属性，变迁基本上都会得到完整的保留。而人类则不然，要是人类的婴儿或幼儿被隔绝于人类社会之外，在孤独的密室中长大，一直到成年，他就不具有人类的生活习性和社会属性，成为一个没有语言，不明事理的低能白痴。即使回到人类社会，也永远不可能形成完整的人类社会属性，也不具人类智慧，而仍然是一个低能白痴，再也无法融入人类社会，成为一个正常的社会成员。十九世纪初，欧洲巴登大公国因为宫廷争夺王位，生于一八一二年的王子卡斯巴·豪瑟尔出生后就被争夺者用其他婴儿换走，由一个寡言少语的忧郁女人抚养，四岁左右又被关进地下密室一人独处。到十七岁时已经成为一个白痴，再也没有可能继承王位，才被放出。类似的例子也见于古今别的国家。

对以上现象的分析表明，人类的祖先尽管是在自然生态下，由自然选择的进化机制形成的人祖古猿，然而人类作为一个物种，最终并不是在自然生态环境下，经由自然选择机制进化成现代人类的。因为进化论的自然选择机制无法解释人类的社会属性，人类的大脑发育成熟和社会属性完全形成于降临人世以后，是后天在社会生态环境下学习的结果。如果自幼离开人类社会发育成长，成人后就只剩下一个徒有其名的人形外壳，并无人类社会属性。要能解释这一现象，必须探索形成人类的进化机制。在从猿到人的进化过程中，随着原始部落出现有组织有分工，社会性较强的集体采集和狩猎，以及实行食物分配等积极主动的生存行为，原始人类的部落社会逐渐超越自然生态下的猿类种群社会。原始人类开始以集体力量的社会实践改造周围自然环境，使之适应自身的生存需要，变消极的被动生存为积极的主动生存，在大自然生态环境中，以部落为范围，逐渐创建和营造起一个个适合人类生存需要的雏形社会生态环境。从此，原始人类就在社会生态下生存，以自己的生存活动创造文化，推进社会的文明进步，形成一种新的，有别于猿类自然生态生存模式的社会生态生存模式。由于人类是在生存过程中进化的，因此生存模式必然等同于进化模式，原始人类也就在社会文明进步过程中，同步发生体质进化。**因为社会生态生存模式等同于社会生态进化模式，所以原始人类理所当然是在社会生态下，遵循社会生态模式进化，并最终并且在社会生态环境下，进化成为现代人类，因此人类的进化机制绝不是自然选择，而是社会选择。**

雏形社会生态社会的形成，开始了人类以积极主动地改造自然环境和完善社会环境，使环境进一步适应自身的创造性生存。随着社会生态环境的不断进步和完善，社会功能也不断扩大和增强，人类生存能力进一步增强，相对稳定的自然生态环境很少变化，所产生的进化选择压力，对动物的影响很小，动物的进化失去足够动力，进化极为缓慢，甚至近乎停滞状态。自然生态环境对于生存能力越来越强的原始人类，就更不足于产生影响。与此同时，社会生态环境却在原始人类改造环境的不懈努力下发生重大变化，社会生态环境对人类产生的进化选择压力变得越来越大。社会生态环境的迅速变化，对原始人类产生的进化选择压力强度也在继续不断地稳定增大，且时间持久而毫不停歇。这就发生了在同时生存于同一自然生态环境中的其他动物进化极为缓慢的情况下，原始人类却以异乎寻常的速度进化的奇迹。

这一过程就最后结束了原始人类在自然生态环境的进化选择压力下，受自然选择机制支配，以改变自身躯体结构和生存行为的消极被动适应环境的进化模式。与此同时，开始了原始人类在社会生态环境的进化选择压力下，受社会选择机制支配，以使自身躯体结构和生存行为，发生有利于增强积极主动地改造自然和社会环境能力的社会生态生存模式有着决定性关系，并且可以认为是直接原因。

原始人类并非始终在自然生态下，继续受自然选择机制支配向前进化，而是在日趋完善的社会生态下，受社会选择机制支配才最终进化为现代人类。因为人类的社会结构和社会行为，不同于动物，不决定于遗传基因，不属于先天本能。**人类婴儿必须在人类社会中发育成长，才能具有人类的社会属性，才能融入人类社会生活，成为人类社会的成员。**

因为社会生态是按照人类意识建立的，人类怎么有可能按照自己的主观意志进化？"天人合一"，创建了社会生态的人类，并不是，也完全没有可能脱离大自然，更不可能违背自然发展规律。但是随着原始人类积极改造自然环境，使环境适应自身需要的主动生存能力越来越强，相对稳定的自然环境所能产生的选择压力已经不足于成为人类的进化因素。原始人类不再受到自然环境中进化选择压力的影响，不会被动地受自然环境选择压力的左右，因而逐渐脱离自然选择的进化机制。与此同时，人类创建的社会生态环境日臻完善，逐渐形成日趋增大的进化选择压力，从而成为原始人类继续进化的新动力。这一发展趋势是符合生物进化的自然规律的。早从脊椎动物的鱼类开始，端脑已经开始大脑的萌发，有了建立条件反射的生理机制，因而具备了动物最初的后天学习能力。在此基础上，先是爬行类动物，随后是哺乳类动物的大脑渐次进化，具有比鱼类精确和复杂的建立条件反射能力。尤其是哺乳动物，随着大脑的进化，较为高级的哺乳动物种群，开始出现营社会生活的趋势。尤其是形成猴类和猿类两个大脑新皮层发育较为充分的物种，由于建立条件反射的能力大为增强，学习能力相应提高，具有相当高的智慧，后天习得行为复杂而又丰富，甚至能使用某些天然物件作为工具，因而被称为灵长类动物。**智慧属于大脑皮层建立条件反射功能的范畴，灵长类动物的这一特征尤其显著。智慧的提高，使灵长类动物的种群社会发展到自然生态社会的最高水平。智慧是知情意的心理综合能力。人类是后天大脑皮层发育延续时间最长，智慧程度最高的物种。与此相应，人类的社会性也最高。**

社会生态环境的进化选择压力究竟有多么强大？对人类的进化究竟有多么重要？究竟是否有能证明其确实存在的客观理由和事实依据？为此，可以对人类和与人类有着共同祖先的近亲——高级猿类作一比较，经过 400 多万年时间的分道扬镳，它们在解剖结构形态和行为方式上变化很少，基本上还保持原貌，而人类则今非昔比，已经出现惊人变化。两者之间的解剖结构形态和行为方式有多少差别，人类就曾经受过多少社会生态环境的进化选择压力。因为在这四百万年间，与人类同期生存于同一自然生态环境中的所有其他哺乳动物，包括高级猿类，没有一个物种出现过如此迅速和重大的进化。这一事实表明，在此期间，自然生态环境不存在可能引起人类发生这种进化的环境选择压力。实际上，自然生态环境永远也没有可能出现这种几乎是定向进化的选择压力。**因此完全有理由说只有人类自己创建的社会生态环境，才有可能产生这样强大而又持久的进化选择压力，而正是这一社会生态环境的进化选择压力，促使原始人类以史无前例的极快速度进化成为现代人。**

社会生态环境的进化选择压力由来已久。从猿到人，早在人祖古猿向早期原始人类进化过渡阶段，古猿的自然生态型种群社会，也同时开始向原始人类的社会生态型部落社会过渡，社会生态环境的进化选择压力也就随即形成。并且在整个人类进化的漫长过程中，社会生态环境的进化选择压力来源众多，一个又一个接连不断，密集而又持久，这便是变原始人类先天非理性原始本能行为，为后天习得理性文明行为，为人类社会进一步有序化，所必需的社会行为规范。有形和无形的，能意识到和尚未意识到的，社会生态环境的进化选择压力在整个人类进化过程中，无处不存在，无时不在起着作用。

从外貌近似古猿尚无人形的早期原始人，迫于集体生存活动需要而开始创造语言，而不是当今幼儿咿呀学语的时候起，必须改变"猿声音啼不住"的原始本能行为，把猿啼、嘶吼、咆哮，变为有多种声调和音节，以不同声调和音节表示不同含义，还得让他人听懂，从无到有，从少量到大量，从简单到复杂，从不定型到开始初步定型，到成为名副其实的人类语言，不耗时几十万年，甚至上百万年是难于实现的，其困难程度之高，现代人恐怕难于想象。这是一种非常长时间的集体社会实践试误过程。在此期间会形成多么强大而又持久的社会生态环境进化选择压力？**正是这样的选择压力在促使人类的发声器官，从只能啼鸣嘶吼的猿类简单发声喉头，进化为能言善语、歌声动人的人类复杂语言器官。只有人类的社会生态环境才有可能形成这样的进化选择压力，而自然生态环境绝对没有，也永远不可能有。**

与创造语言同时，人类的社会性生存活动，使得躯体的躯干和四肢，像发声器官因创造语言而由古猿简单的喉头进化为人类复杂的语言器官一样。人类因集体生产和劳作，促使前后肢解剖结构形态差别不大，分工不很明确，都能抓握枝干上树，握取食物；前后肢可以同时并用，下地爬行，偶尔用后肢行走的人祖古猿前后四肢，进化为人类上下肢解剖结构形态截然不同，分工明确，双手可以抓握，取物，握拳，从事各种复杂精细工作的灵巧双手；下肢进化为专用于行走、奔跑的双脚。完成这一进化，同样需要耗时几十万年，乃至上百万年，否则是难于实现的。

"心"是中国古代的对大脑的特定称谓。"言为心声"，"心

灵手巧"，语言器官和双手解剖结构的完美进化，语言能力和双手功能的成功形成，标志着大脑思维功能与流畅的语言和灵巧的双手能力同时完善进化。语言能力和双手功能的进化，直接表达了大脑的进化，两者既是大脑智慧功能的产物，也与大脑同时进化，并且两者所发挥的功能还继续在促进大脑进化。

在原始人类创建语言以前，没有抽象思维工具，难于进行抽象思维，基本上只能进行形象思维。形象思维是一种原始的思维方式，以实物形态在大脑中的映像作为思维工具，思维简单，速度缓慢，范围狭窄，内容很少，无法进行复杂思维。大脑的思维功能因此难于增强，进化受到极大限制，这就是生存于自然生态环境下的其他灵长类动物猿猴的大脑，进化速度极为缓慢的根本原因。这也表明在自然生态环境中，不可能存在促使动物大脑以人类速度进化的环境选择压力，自然选择不是人类大脑的进化机制。只有人类自己创建的社会生态环境，才能产生促使人类大脑极为神速地进化的社会生态环境选择压力，因而决定人类大脑进化的是社会选择机制。

人类的社会生态环境和社会生存模式，促使人类创造了自己的语言。语言一旦诞生，即刻成为人类大脑的抽象思维工具，从此大脑有了无与伦比的思维利器。抽象思维速度极为迅速，范围无限广阔，内容无限丰富，极有利于进行最复杂思维。人类创造的语言，又创造了人类大脑的抽象思维能力。抽象思维极大地提升了人类的智慧水平，无限扩大了人类的思维空间，给予人类无穷无尽的丰富的想象力，激发出人类永无休止的创新思维和创新能力，从而极大地推动和加快了社会的物质文明和精神文明进步。人类社会日新月异的急剧变化，促使社会生态环境形成强大的进化选择压力，进一步加快了人类大脑的进化速度。从语言成为思维工具的时候开始，人类大脑在人类创建的社会生态环境中，进入了由活跃的创新思维与迅速进化的大脑，共同形成的最佳良性循环。人类大脑从此一日千里，以风驰电掣的速度继续进化，一直延续到如今。

社会生态下，在数十万年，甚至百万年以上的漫长时间里，原始人类每天都必须用不适于语言的猿类喉头创造和学习语言发音，进行人际交往；用不适于劳作的前肢制作和使用原始工具，共同劳动。由此形成的强大、恒定、持久，并且还继续随着原始人类语言和劳动技能日趋复杂而继续增强的进化选择压力，作为人类进化机制的社会选择，都是自然生态环境所不可能出现和存在的。因此人类躯体和大脑的迅速进化机制，是社会选择，而不是自然选择。

在从猿到人的进化过程中，当社会生态环境的进化选择压力，已经促使人类的语言器官完成进化，能够流畅说话，用语言正确表达大脑的思维时；还有当社会生态环境的进化选择压力，已经促使人类直立起来，能够抬头挺胸用双脚直立行走，双手能灵活自如地制作工具，操作工具，用双手进行任何可能从事的复杂劳作时，语言器官与躯干和四肢的进化就逐渐停滞。因为已经最大限度地满足了人类在社会生态下的生存需要，社会生态环境已经不再对语言器官与人类的躯干和四肢形成进化选择压力。从此仍然不断地向上进化的，唯有智力还在继续增长的人类大脑。

集体采摘和狩猎的早期原始部落居民，由于个体力量单薄，难于独立生存。原始先民继承人祖古猿群居营社会生活的生物学性状，但是部落的社会结构和社会行为已经开始出现变革。部落居民的生产劳动是有组织的集体社会行为。基本上仍然属于自然生态型的早期原始部落社会，其社会结构和组织性已经开始高于古猿类的种群社会，出现人类的社会生态环境雏形。**原始人类为了有利于增进生产劳动效益，必须以严格的社会规范提高部落居民的组织性和纪律性，否则就难于改变原始人类继承自人祖古猿遗传基因的本能行为：自由散漫，好吃懒做，游手好闲，生活懒散，贪图安逸，好逸恶劳，安于现状，不求进取，得过且过，行为乖舛，为所欲为。**如果没有社会行为规范改变先天本能行为造成的社会无序状态，原始人类就没有可能顺利从事集体生产劳动，无法转变被动适应自然生态环境的恶劣生存状态，更没有可能进行主动改造自然环境，使环境适应人类自身生存需要的创造性劳动。

原始人类在采摘野果，收集种子，狩猎打渔，经受着被动适应自然生态环境的艰难困苦生活时，经常处于食不果腹，衣不蔽体，无力御寒，饥寒交迫的忧患之中。于是部落中个别智慧的先知先觉精英，在长期采集野果和野禾种子的过程中，观察到前者春华秋实，后者春生夏长，秋季成熟的现象，自发萌生朦胧的改变自然生态环境，以适应自身生存需要的变革意识。

开始在部落近处的土地上，栽种果树或播种禾谷种子，尝试最初的原始农耕；或者把生擒的幼山羊幼野猪在家豢养，开始尝试驯养家畜。这种前无古人，没有先例，也不可能有经验可借鉴，毫无农业知识，在忧患中艰苦创业的先民，最初的尝试会遭遇频繁挫折和失败是可想而知的，尝试最终失败的可能性有可能高达百分之百。多数尝试者会在失败后知难而退，部分人可能在再而三的尝试失败后放弃。尽管开创者中不乏勇敢坚毅，百折不回的坚持者，但当屡屡失败，甚至在终身不懈的努力下，最后仍告失败时，后代也难于再继续尝试。畜牧创业的困难可能多少好些，但多数人的失败仍在所难免。然而皇天不负有心人，最终总会有成功者。**成功者中虽然难免存在侥幸者，但是真正的成功者必定属于勇于汲取失败教训，善于总结一点一滴细小成功经验，具有坚强毅力，富有智慧的精英人物。**从开始尝试，经受无数次失败，直到最后成功。这样的精英人物存在于无数部落之中。教民农耕的神农氏，绝不可能是依靠一己之力，获得所有耕种知识的神仙式人物，而是神话想象中的传奇人物。

当尝试者有所成功，有所收获时，看得见的利益，很快便转化为绝大多数原始部落居民的共同意愿和自觉学习行为。可是远古原始社会，部落分散、交通隔绝，自发的农耕畜牧创业和无组织的交流传播都极为不容易，部落间的学习、普及就更难。这一曾先后发生在无数原始部落中的农耕创业，加上艰难的普及过程，又需要多少原始先民绞尽脑汁，费尽心机，耗费多少万年的心血和精力？"绞尽脑汁，费尽心机，心血"指的都是智慧，这意味着农耕创业对于大脑的进化又会形成多大社会生态环境的进化选择压力？又能在多大程度上加速人类大脑的进化？

好奇本能激起无穷无尽的探索欲，趋利本能则引发得寸进尺的利欲，欲海难填形成人类积极进取和无限创新的精神。**人类的社会生态环境继续在呈加速度的剧变过程之中，承受着社会生态环境进化选择压力越来越强的大脑，正在以前所未有的加速度不断进化。**

在人类创建的社会生态环境中形成的进化选择压力，作为人类进化的新动力，必然促使人类的躯体结构，尤其是大脑发生快速进化。**与脊椎动物鱼类的四亿年，或者哺乳动物的两亿六千万年进化史相比较，人类的四百万年显然成了转眼的一瞬间。生命进化史上亘古未有的飞速变化，是人类在无数次大大小小的社会变革实践的试误过程中，经历难于计数的失败和成功，汲取了失败教训，积累了成功经验，才得以产生的。**每当社会变革失败，就为社会选择淘汰，人类便遇到挫折、遭受失败，社会发展就停顿不前，甚至倒退，这时肯定违背了自然规律；而当社会变革实践正确，人类就进展顺利、取得成功，社会发展就一帆风顺，步伐加快，此时肯定顺应了自然规律。因为正是自然规律无时无刻不在对人类社会实践进行社会选择筛选，顺之则昌，逆之则亡。由此可见，"天人合一"是社会选择进化机制的自然规律基础。如果人类的社会实践是遵循自然规律的，就一定经得住历史变革和时代发展的考验，例如人类的传统性道德。

社会生态环境尽管是按人类意志行为创建的意识产物，然而符合"天人合一"原理。社会生态下的社会选择作为人类进化机制，与自然生态下的自然选择作为动物进化机制一样，是由自然规律形成的。人类并没有可能凭自己的意愿进化，而是作为人类的主观意愿在社会实践的无数次反复试误过程中，通过符合自然规律的社会选择筛选结果。**两者同样都是"适者生存"，只不过一个是"自然淘汰"，一个是"社会淘汰"而已。**（朱琪：《基因的觉醒——广义进化论》，待发表著作资料。）

"存天理，灭人欲"，性与生殖分离违背自然规律

——发情期消失暴露人类原始性本能的狂野

在谈及性本能时，首先必须有意识地提醒自己，大自然的生命科学只有生殖，生殖器官，生殖生理，生殖心理，生殖功能，生殖本能，生殖欲望和生殖行为；而并不存在性，性器官，性生理，性心理，性功能，性本能，性欲望和性行为。**性与生殖的区别和分离都是人为的，属于人类意志强加给大自然的主观臆断产物。**

哺乳动物的远祖，可能是一种有性繁殖的低级脊椎动物，这一物种已经有发情期。发情期时，发情的雌雄两性聚集在一起求偶。具有主动性和侵犯性，以及多配偶生殖本能。求偶活动时对异性的争斗激烈，群体中所有个体都是发情者，无须分辨异性是否已经成年，没有与自己有无血缘关系的意识，全然不会注意对方是否有性需求和意愿；而且当时的这一物种生殖生理过程和生殖行为相对简单，不存在月经期、妊娠期，产褥期和哺乳期。发情雄性正处于性冲动期，见到雌性立刻主动强行交配，不存在伤害对方的可能。自然选择形成这样的求偶性状，对生存于当时自然生态环境中的该物种的繁衍生存是最具生存竞争优势的。

有理由设想，继承了哺乳动物远祖这种求偶性状遗传基因

的原始人类，在尚未形成性禁忌时的原始部落，如果一旦突然失去发情期，就必定会出现这样一幕野蛮场景：没有性禁忌意识，不存在应受社会规范约束的观念，不可能有羞耻感，没有发情期而又随时可以发情的原始男人，他们会不分时间和场合，不可避免地频繁地出现强奸，乱伦，奸污少女，甚至强奸幼女，强奸月经期女性，强奸孕妇、产妇等。本能的野蛮行为，必然会严重危害女性生殖健康，引起生殖器官感染，破坏生殖健康和降低生育能力，导致遗传疾病等一系列严重消极后果，最终造成部落出生率下降，人口数量减少，体质衰退，健康状况恶化，平均寿命缩短的生存危机。与此同时，雄性为争夺异性的争斗，对女性的骚扰，也使部落社会不得安宁。在自然生态下的生存竞争，雄性动物的性主动和性侵犯，原本是重要的生存竞争优势，但是发情期的消失，却彻底打破了自然选择保护生殖健康的有序化平衡机制，造成生殖行为的无序化，引发新的进化矛盾。野蛮的原始本能行为如果得不到制约，势必威胁原始人类的生存繁衍。**因此发情期消失绝不可能是突然发生的转折，而是一个在发情期逐渐消退的过程中，性禁忌同时缓慢形成和增强的此消彼长过程。**

如果发情期突然消失，自然选择对于哺乳动物生育安全的保护机制，也随着发情期的消失而荡然无存。雄性动物仅在发情期才与正常发情雌性有求偶行为的生物学性状，随着原始人类发情期的消失同时失去。在原始社会生态下，这一进化事件破坏了自然选择形成的有序化生殖活动。没有发情期，却又随时随地可以发情的原始男人，所表达的生殖本能行为则是进化年代更为久远，属于大脑皮层下低层次神经中枢的基因程序，结构极为稳定，遗传保守性极强，难于改变，尤其是雄性动物的主动性和侵犯性，以及多配偶的原始生殖本能。**对处于从自然生态向社会生态过渡的早期原始人类，面对由发情期在消失过程中引发的进化矛盾，如果缺乏有效的严格性禁忌，必然引发严重的生存危机。**

当非发情期生育的后代越来越多，发情期开始变得模糊，发情期对生殖健康和生育安全的保护机制随之削弱时，越来越多发情期不规则或已经失去发情期的成年男性，再也不受发情期自然调控机制的约束，雄性激素水平持续增高，随时可能发情，他们的原始生殖本能激起无序的强烈生殖欲望冲动，并以无法克制的激情追求性愉悦。主动性和侵犯性，以及多配偶倾向的原始生殖本能，驱使他们以非理性的野蛮行为侵犯周围的女性。不论是成年女性或未成年少女，甚或是幼女；也不顾是否处于月经期、妊娠期、临近分娩，甚至还在产褥期的妇女。

因此发生在历经几万年，几十万年发情期逐渐消失过程中引发的生存危机，对原始人类生殖健康和生育安全造成的重大危害，威胁着人类先民的生存和进化。如果不能形成能够保证失去发情期后的生殖健康和生育安全的社会行为规范机制，发情期也就不可能消失。进化过程中产生的这一矛盾，使原始人类面临生死攸关的抉择。**理性初萌的原始部落社会是用性禁忌作为部落居民共同遵守的行为准则，统一社会意志，以强制措**

施对原始生殖本能行为，也即非理性的性行为，进行严格，严厉，甚至严酷的社会约束，迫使部落成员自我克制，尤其是针对男性，以取代发情期对动物生殖健康和生育安全的自然保护机制。即用理性的性禁忌，约束发情期消失引起的非理性行为，最终克服生存危机。

然而发情期消失究竟对人类生存进化有多么重大的意义？对此，可以毫不夸张地断言，在从猿到人的进化历程中，原始人类如果不能在试误的社会实践过程中，逐渐确立起社会行为规范，约束非理性的原始生殖本能。也即通过社会生态下的社会选择机制，形成严格，甚至严厉的性禁忌，以取代自然选择的发情期。猿人就没有可能跨越从猿到人的鸿沟，而只能够停滞在人猿阶段，永远成为具有发情期的高级猿类。

有理由推测，在原始人类向现代人类进化的数百万年间，有多少处于特定进化阶段的原始部落，都因无法跨越发情期这道决定生死存亡的进化鸿沟而停滞不前，难于继续进化，终至遭遇灭绝命运。

发情期的削弱促使原始先民创立性禁忌，性禁忌的强化，加速了发情期的消失。从性禁忌开始形成，到发情期最终消失，性禁忌必须完全满足发情期所具备的各项由自然生态机制形成的有序化生殖繁衍活动条件，才能确保原始人类的生殖健康和生育安全，用能够维持原始部落生殖行为秩序的社会生态机制取代自然生态机制。包括保护未成年和月经期女性，以及妊娠期孕妇不受性侵犯；保证产妇的生育安全和产褥期安全，哺乳期妇女的健康和安全，以及保护婴幼的安全和健康发育。性禁忌还应包括防止近亲血缘婚配，防止性病流行，有可能危害生殖活动的不卫生行为和其他不良行为，以及当今人类难于想象到的当时情境，缺一不可。与此同时，还必须防止和制止成年男子为争夺配偶而引发暴力活动，以维护部落安宁。

综合生存能力增强到相当程度的原始人类，由于获取和储存食物和防寒保暖，以及哺育、保护婴幼儿安全等能力相应提高，生殖繁衍活动受季节变化限制逐渐减少，发情期对人类繁衍的重要性相应减弱。因发情期削弱而于非发情期出生的婴儿的成活率得以提高，他们的后代的继续繁衍使整齐划一的发情期进一步变得模糊。开始失去发情期的原始男人性欲冲动和性行为随时都可能发生，人类性行为和生育活动，再也不受周期性的发情期影响，一年四季都可以进行繁殖活动。人口不多的原始人类作为一个新兴物种，只有尽可能多地繁殖后代，大量增殖人口，才得以扩大生存地域，赢得更多的生存进化机会。**因而发情期消失，生殖周期缩短，加快了人口增殖速度，也就增强了人类的生存竞争能力。早期原始人类的性欲越强烈，性活动越频繁，生育后代越多，生存竞争优势和生存机会就越大。**

然而在发情期逐渐消失的过程中，自然选择对两性生殖行为的规律性调控因此削弱，性行为与生殖活动的完全一致性却开始遭到破坏，造成了性与生殖分离，性与生育抚养后代健康成长直至具备独立生存能力的后续使命割裂的可能性。

与其他动物一样，具有发情期的早期人类不可能知道求偶行为是为了繁殖后代，男人只是受强烈的原始生殖本能驱使，为发泄性欲追求性愉悦而追逐发情中的成年女性，丝毫意识不到获取性愉悦与后续的妊娠、分娩，哺乳和抚育，以及为子女传授基本生存技能，直至具备独立生存能力的繁育后代直接责任的关系。因为受自然选择形成的生殖本能的支配，整个生殖繁育的生命历史使命已经存在于动物，也包括人类的遗传基因序列之中，所有生育和抚养过程都会自动遵循基因程序进行下去，直到全部完成繁育的历史使命。

失去发情期后的男人性行为，脱离了受自然选择支配的周期性规律，从有序变为无序，意味着随时可以进行生殖繁衍。大自然虽然给了原始人类较大的生殖主动权，但是在生殖活动失去发情期支配的同时，也失去了有利于生存繁衍的有序行为，从此失去自然选择的规律调控。发情期存在时，发情期一结束，男性不再有求偶行为，怀孕妇女在整个孕期和产褥期都是安全的，不会遭受男性的性侵犯。可是发情期消失后的男性却仍然随时发情，随时有性冲动，追逐女性的目的依旧是发泄性欲，获取性愉悦满足，性行为的激情不减，主动性和侵犯性丝毫不减。他们可能侵犯孕妇，也可能侵犯产褥期的产妇。失去发情期后的成年女性，有了规律的月经期，同样也会遭受性侵犯。处于特殊生理状态下的女性受到性侵犯后，生殖健康均可能受到严重损害，早期妊娠流产，晚期妊娠早产；在微生物丛生的自然生态下，此类性侵犯的后果更其严重，月经期女性的生殖系统如受细菌感染，就会损害生殖健康，降低或者丧失生育能力，产妇更可能因产褥热失去生命。至于未成年女性遭受性侵犯后，娇嫩的生殖器官更容易受感染，轻者发炎患病，重者留下后遗症影响成年后生育能力，严重时不幸失去生命。

这种危及健康和繁衍，甚至威胁生命的性侵犯，必然引发部落的严重生存危机。在漫长的岁月中，屡屡发生的这类事件，早晚会引起原始人类智者的关注。**未成年女性，幼女，特殊生理状态下的女性，在遭受性侵犯后造成的严重危害，一经原始人类发现和认定，保护她们不受性侵犯的早期性禁忌也就开始萌生。**

与此同时，由于男性求偶行为的活跃，失去发情期后的健康育龄女性，怀孕生育一次紧接一次，每个部落的育龄妇女，多数会先后或同时处于特殊生理状态，而男性的性欲冲动却依然频繁而又强烈。"性资源"的紧缺，令他们的性行为变得更为狂野，不仅加剧男人之间争夺女人的暴力争斗，强奸的现象增多，还促使他们侵犯幼女和未成年少女，甚至乱伦的现象也会频频发生。这类事件同样破坏部落的和谐与安定，危害生殖健康和繁衍，加重了发情期消失引起的生存危机，因而最终必定被列入性禁忌的范围。**性禁忌对男女两性同样具有约束力，但主要是针对男性。**

发情期消失后的人类男性，其原始性本能竟然能狂野到如此程度，有什么人类进化史上的考古学证据？当然有，不仅有，而且多到可以信手拈来。由于动物，也包括人类，遗传基因结构的历史继承性和高度稳定性，以及基因自然表达的顽强性和真实性，实际上每个人的遗传基因程序结构，都是一部完整而且分期的人类进化历史。发情期消失后的男人，如果不受严格的社会规范制约，至今仍然无异于野兽，甚至连禽兽都不如。下面就展示一个无人可能质疑的事实：以晚近的第二次世界大战时期为例，不仅仅是被列为侵略者的某些参战国家军队，在攻入他国领土后，当军队统帅故意放纵时，士兵们完全失去社会约束，恣意奸淫妇女，连老妪和幼女都不会放过，竟至于月经期和产褥期妇女也难于幸免；强奸，轮奸，奸污致死，死了甚至还要奸尸。这种非人行为纯属与生俱来的先天本能，完全是自发的。因为即使是侵略者的军队，士兵入伍后也不会进行强奸妇女的恶意教唆。士兵狂暴的强奸行为，便是人类原始野性在失去社会约束后依然故我的铁证，其根源在于人和动物一样受着原始生殖本能的支配，这种本能植根于有着亿万年历史的遗传基因。原始生殖基因具有高度稳定的遗传保守性，基因不变，先天本能行为也绝不改变。士兵入伍前在本国时，作为人子、人父、人夫，绝大多数均能遵纪守法，甚或是谦谦君子，不可能都是淫棍或有过强奸前科。因为他们自幼受家庭和学校的文明教养，成年后又要受社会道德规范的严格约束。同样一支军队，士兵在本国可以军纪严明，秋毫无犯。当成为侵略军后，士兵进入他国领土，军纪约束一经解除，野兽原形毕露，一个个成了十恶不赦的强奸犯。作为人类进化历史遗传基因程序自然表达的"视频回放"，重演了自然人性欲冲动的狂暴的本色，即发情期消失后原始男人生殖本能所显现的赤裸裸野蛮行为。

由自然选择形成的发情期，可以确保动物和早期原始人类的生殖健康和生育安全。然而因失去发情期而变得无序的男人原始生殖本能行为，却使原本可以保护月经期、妊娠期、产褥期等特殊生理状态下女性生殖健康和生育安全，维护幼女和未成年女性生殖系统健康的发情期功能全面遭受破坏。所有这一切，都直接威胁着原始人类的生殖健康和繁衍生存，降低了生育能力，造成部落人口数量不增反减，体质退化等，生存竞争能力下降的严重危机。**发情期消失导致的灭绝性重大生存危机，迫使原始社会不得不依靠性禁忌，严格约束男性非理性的生殖本能行为。**有理由推断，发情期的消失与性禁忌的形成是同时开始和同步进行的，在此期间曾经历一个时间相当漫长的过程，几十万年，上百万年，甚至于更长。对此传统的考古人类学技术已经难于考证。

至于未能形成或无法最终确立起有效性禁忌的部落，或者停留在尚有发情期的早期原始人阶段，实际上仍然是高等猿类；或者因无法消除这一生存危机，部落生殖健康严重受损，体质衰退，出生率下降，人口减少，终至失去生存能力，惨遭灭绝。

因此发情期消失，性愉悦与生殖活动分离引发的进化矛盾，直接造成了原始人类生死攸关的重大生存危机。而这一进化矛盾，正是有历史记载以来已经困扰人类数千年，尽管罪列万恶之首，然而至今仍挥之不去的性魔孽障。至此，基督教与生俱来的"原罪"真相，也终于大白于天下。

在发情期消失过程中，能够同步确立起性禁忌，有效消除危机而生存下来的成功原始部落，其性禁忌必定具有严格的强制性，违反者会受到严厉惩罚。而且只有以神的名义，仰仗神的权威，才能震慑绝大多数部落成员。因为他们都是不明事理的野蛮人，缺乏理性，难于说服教育。部落酋长则是威望和权力有限的人，并非威严无比和威力无穷的神。他没有可能向部落成员讲清楚性禁忌的道理，即使能讲出个一、二，也不会有人听从。因为性欲冲动实在太强烈，性愉悦的诱惑又难于抗拒。就像今天预防艾滋病一样，尽管全社会的预防教育已经把艾滋病会致命的道理，反反复复讲得很透彻，绝大多数群众听得也很明白；尽管艾滋病人的惨状历历在目，死亡威胁也感受得到，然而禁不住"性自由"的诱惑，拒绝遵守性道德，不能洁身自爱，克制不了性本能冲动的人，还是按捺不住淫心，豁出性命也要去搞性乱。尤其是在轻信"安全套"的虚假心理安慰后，就会变得更加有恃无恐。现代所谓的文明人尚且如此，又何况百万年前的原始野蛮人！所以在发情期消退和性禁忌形成的当时，只有与酋长并列合作的巫，借助神的威严，才能令原始人心悦诚服地服从性禁忌。即使如此，部落中还是会有少数人违反性禁忌。此时用神的旨意进行惩罚，措施必然无比严厉，甚至十分残忍。现在只能根据从古至今长期存在的肉刑和死刑历史去推测，情节轻者可能割去生殖器官，重者就处死。要是仅仅痛打一顿，逐出部落，那就未免过于仁慈。因为若不杀一儆百，其他人照样还会继续犯禁，人类就难于生存。野蛮吗？不人道吗？绝对不是！不能用今天现代人的"人权观"去评价原始人类的合理制裁。与之相反，这恰恰是文明的艰难开始。矫枉必须过正，不过正，不足于矫枉。否则，如果容忍连神都不怕的人带头破坏性禁忌，那么还有什么力量能让原始人类走上文明之路？哪里还会有今天的文明人类和文明社会？染上艾滋病会死，不是一样震慑不住当今文明人类中的非理性者？又是什么原因使他们实际上还不如百万年前的原始文明人？这就是有着亿万年进化历史，因而根深蒂固的原始生殖本能。

性禁忌是社会生态环境中，由人类大脑智慧产生的理性行为规范。人类为生存而进行的社会实践，依靠性禁忌促使发情期加速消退，并最终结束了发情期。从此，自然生态下，由自然选择形成的发情期自然生态机制约束调控的动物先天生殖本能行为，转变为由社会实践形成的行为规范社会生态机制约束调控的人类生殖后天习得行为。其神经系统的控制也发生质的变化，即人类性行为由属于哺乳动物低级神经中枢功能非条件反射范畴的，先天本能行为调节控制，转变为由属于人类高级神经中枢大脑皮层功能条件反射范畴的，后天习得行为调节控制。

原始社会形成的性禁忌，成为发情期最终消失的低级直接原因。没有性禁忌，人类就不可能逾越人猿之间的进化鸿沟，就难于最后确立人类的社会生态环境，以致地球上没有可能出现今天的现代人类。

"厚德载物"，大自然赐予婚姻美德的崇高奖励

——性愉悦与生命传承的历史使命

生命物质的本质是生生不息，无限传代。因此性的本质是生殖，生殖是生命传承最基本、最重要的生存活动。研究人类的生存进化历史，有必要以生殖为轴线。例如关于发情期与动物生存进化的研究，发情期消失与人类生存进化的研究，都极为重要。尤其是人类发情期消失引发性与生殖分离的进化矛盾，更是亟待深入研究的重要课题，否则就不可能对人类性行为的是非作出符合自然科学的判断，而是任凭宣扬"性自由"的金赛主义"性学家"，以所谓的"性权利"，"天赋人权"，"人性解放"等主观臆断，似是而非，完全缺乏科学依据的性社会学观点大行其道，以非为是，自行其"非"，以致因违反自然规律而使人类的性行为陷入无序和现代愚昧，造成严重的性革命社会灾难。

有史以来，为什么凡是追求非分性愉悦的淫乱纵欲，无论古今中外，无一例外地会遭到毁灭性的惩罚？当代的全球性大淫乱——性自由生活方式蔓延已经造成严重的社会消极后果，由于世人无视大祸已经降临，不仅不知反省，而且变本加厉，继续恣意妄为地纵欲，因而正在进一步酝酿着一场史无前例的更大灾殃。

"人法地，地法天，天法道，道法自然。"（《道德经·第

二十五章》）"天行健，君子以自强不息（《易经·乾卦》）"；"地势坤，君子以厚德载物。"（《易经·坤卦》）无论道家还是儒家，"天"都是指自然规律。先秦时期，"君子"一词已用于称谓有德行的人，而德行是顺乎天理合乎人伦的理性行为。因此"天行健，君子以自强不息"，意谓自然规律以"顺之者昌，逆之者亡"的磅礴气势在运行，有德行的人要本着自强不息的精神，顺应自然规律的大势去作为。"地势坤，君子以厚德载物。"则意谓顺应天法的大地，以广阔无垠的胸怀顺承世间万物，有德行的人要用厚重的美德获取并感恩大自然的丰盛赐予。性愉悦作为自然规律的赐予，必须以符合天理的德行，亦即履行传承生命使命的理性行为来获取。

"天人合一"。先有天，后有人；有了天理，才有人伦，因此人伦必定遵循天理。天理人伦是"天人合一"的完美体现。**就人类的性行为而言，顺乎天理，合乎人伦，亦即符合自然规律，承担生养抚育后代历史使命完整过程的理性行为方为德行，才有资格获得自然选择赏赐的性愉悦奖励。**作为启动生命繁衍行为的性愉悦，实际上是哺乳动物在进化过程中，经自然选择形成的从求偶、妊娠、分娩的生殖活动，到对后代哺乳和抚育，以及传授生存技能，进行适应能力训练，直到具备基本独立生存能力。性愉悦是这一环环相扣，不容分割的生命传承过程，借此得以完整地顺利进行的最重要激励机制。由于有了动物受生殖本能欲望驱使追求性愉悦激励机制，才使由性行为，实际上是生殖行为启动的整个后续生殖繁育过程，得以顺利进行和完成。由此可见，性愉悦作为生理过程中的生理心理反应，完全是无意识的自然选择产物。对于有意识、有理性的文明人类社会，能够保证履行由自然选择形成的完整生命传承使命的性道德，应属合乎天理人伦的美德。**因此遵守性道德是符合自然规律的理性行为，《易经》的"厚德载物"原则应该适用于传统性道德的完美实践。只有遵循自然规律的性行为是德行，才能得到相应的性愉悦奖励，这应该是"厚德载物"对于人类性行为的现代科学诠释。**

生命来到世界，一律负有传承后代的历史使命，有使命便必须有担当；要获取，首先就必须有付出，性愉悦绝非自然选择无条件的恩赐。不是白白赠送给动物，其中也包括人类，无需代价的免费享乐，而是自然规律限定的生命来到世界，必须为生育繁衍和抚育后代付出代价。**"厚德载物"，自然选择形成了只有承担生殖和抚育后代，履行完整的生命传承历史使命，才有资格获取性愉悦的奖励。因此性与生殖不可分离，一经分离就违反了自然规律。**

人类发情期消失以前，性与生殖从未分离过。这是一个不可改变的大自然统一的生命生存繁衍法则，作为生物的人类根本没有可能逾越，更不可能以主观意志来改变。顺之则昌，逆之则亡。违逆天理的"人欲"作为凶险动因，必然招致天理的毁灭性惩罚。正因为如此，"厚德载物"对于人和动物必定是一视同仁的，不可能为任何物种，其中也包括人类，提供无须为传承生命付出代价的性愉悦作为无偿享受。**离开了生命传承使**

命的"性权利"，就成为不劳而获的无功受禄，无异于不经大自然准许而私自窃取享乐的偷盗行为，怎么可能不受惩罚？性自由追求无功受禄的性愉悦违背天理，犯了"厚德载物"的大忌，德不配位，必有灾殃。这就是为什么自从有文明历史记载以来，凡是性与生殖分离的人欲放纵，最终总会天诛地灭身败名裂，遭到自然和社会的双重惩罚。身败是自然的天诛，名裂是社会的地灭。历朝历代，荒淫的统治者是如此，纵欲的天下苍生也是一样。而这也正是任何文明民族在历史上都不得不确立传统性道德，严格约束非婚性行为，民族才能繁荣昌盛，国家方得长治久安的根本原因。否则，若是一旦陷入人欲横流，淫乱无度，也就摆脱不了指日可待的末日。

从婚姻法律上可以说，已婚者享有"生育权"。"生育权"是指传承生命之权，本来无可非议，然而"生育权"有着完整的概念，首先要具有正常生育能力，还必须具备承担包括抚育、供养、教育、保护等保证后代健康成长的家庭和社会责任能力。就自然选择机制而言，自然生态下的性就是生殖，性行为就是生殖行为，因而是启动传承后代历史使命的第一步。自然生态下的性行为和生殖活动，以及承担哺育后代的本能，原本就是不可能分离的完整统一体，不存在与完成生育使命无关的单纯获取性愉悦，因此生育权利也必定应该伴随完整的生命传承责任和义务。性愉悦是生殖生理全过程中的一个生理心理反应，尽管极为重要，也只属于整个生殖行为过程中非本质的伴生现象，或者说是生育权利的一种附加因素。生殖行为的本质是繁育后代的生命传承历史使命。亦即性行为的生命价值是传承后代，而决非性愉悦，因而不能将传承后代的完整使命进行人为拆分，从完整的，不容割裂的生育权中，单独把性愉悦分离出来作为一种所谓独立的"性权利"享用。因为所谓"性权利"的概念仅仅是指获取性愉悦的权利。**"性权利"与生命传承毫无关系，只要享受性愉悦，拒绝承担任何后续责任，显然违背了自然规律。因此，所谓"性权利"之说违反自然规律，不能成立。**正因为世人违逆天理，把由自然规律决定的完整生殖生理过程人为撕裂开，剥离性愉悦，作为无功受禄的取乐享用。还用"解放人性"的"性自由"伪科学谬论加以自欺欺人的合理化，以现代性愚昧愚弄了普天下的芸芸众生，这才破坏了当代人类应有的精神文明，以致造成破坏性巨大的一系列社会恶果。然而时至今日，还是不知反省，不能幡然悔悟，不但拒绝汲取教训，反而愈演愈烈。"性自由"的所谓"性权利"为少男少女本不该有的婚前性行为，为已婚者的婚外情、换妻，为异性或同性性乱者的群交、一夜情、随遇而交等名目繁多的性乱提供了伪科学依据；"性自由"的"人性解放"增多了公共场合和工作场所的性骚扰；助长了养情妇、包"二奶"、包"多奶"等事实上的多妻妾；也加剧了嫖娼卖淫，骗色的流氓惯犯，诱奸，强奸，乱伦，恋童癖和奸污幼女。其灾难性的恶果则是人欲横流，色情泛滥，家庭解体，社会腐败堕落，性病艾滋病流行，并且还会进一步引发更多难于解决的严重社会问题。

因此人类的任何行为都不能违背"天理"，或者说逾越自然规律。**性行为的本质是生殖繁育后代行为，同样不能违背自然规律，不能逾越"天人合一"**。文明社会是在约束人类非理性本能行为的基础上形成和发展的，传统性道德和婚姻道德、法律，实质上是在自然规律的支配下，通过社会实践在长期的试误过程中，逐渐形成并发展的社会行为规范。其正常发展趋势，应该是引导并促使人类的生存活动能更好地遵循自然规律，亦即把人类的行为约束在符合自然规律的范围之内。

现代社会科学虽然已经认识到，社会科学与自然科学之间存在着内在联系，但是有人却认为社会规律高于自然规律。实际上恰恰相反，"天命不可违"，应该是自然规律永远在支配着社会发展。至于社会发展规律，其实质应该是社会循着自然规律的发展。由于人类社会活动起始于原始时代，不但在尚无现代科学的原始社会，古代社会，而且即使到有了与人类生存进化相关的进化论、人类学、生物学、遗传学、生理学、生物化学、心理学等现代自然科学相对成熟的近代社会，在人类尚未认识到自然规律在社会生活中起着决定性支配作用之前的千万年间，始终是一代人接着一代人，通过社会实践在试误的过程中探索着生存之道，在摸索中前进的。而生存之道就是符合自然规律的生存方式和生存行为，必须受顺之则昌，逆之则亡的"天理"制约。社会实践如若符合自然规律，人类就能够生存进化，社会才得以文明进步。否则，不是停滞不前，就是灾祸连连和生存危机，"伦常乖舛，立见消亡"，甚至造成部落、民族、种族的毁灭。人类在对社会发展的实践过程进行总结时，由于并不知道是因为符合自然规律的社会才能进步，才能顺利发展，所以就称之为"社会发展规律"。实际上，正确的社会发展规律必然符合自然规律，因而社会规律是对与决定人类生存进化的自然规律相一致的社会发展过程的总结，而并非独立于"天人合一"自然规律以外的人为创造，自然规律是不可能人为创造的。

所以说，社会科学是建立在自然规律基础之上的，因而必须遵循自然规律。这就意味着社会科学和自然科学是不能分离的。说得更确切一点，就是社会科学必须以自然科学为基础，亦即必须符合自然规律。不单是有关性的社会科学，而是所有的社会科学，都必须以自然规律为前提，否则人类行为的是与非、真与假、善与恶、美与丑，都必定会失去客观的科学判断标准。由于长期以来并不能有意识地将社会科学与自然科学紧密结合，因而两者往往是分离的。脱离了自然规律的社会科学，就很难确立判断是非善恶的科学标准，所谓的客观标准，往往都带有主观色彩，因此才造成当今社会科学是非难分的种种难题和乱象。让西方社会学搞得极度混乱的人类性问题和性行为，只不过是最突出的典型例子而已。

以追求与婚姻家庭无关的性愉悦满足为前提的所谓"性权利"为例，按照人类生存进化和社会文明进步的自然规律，法律只应该规定婚姻权。**这就是性与婚姻统一，性与婚姻内的夫妻之爱统一，性与婚姻、生育、抚养和教育后代统一的婚姻权，而决不能凭空臆造无源之水的"性权利"。**所谓的"性权利"，实际上完全是"性自由"者为煽动放纵性与生殖分离的性欲，而违反自然规律无端捏造的伪命题。涉性的法律如果脱离自然科学，就失去科学的是非标准。

认识自然选择机制以发情期调控动物的性行为的重要意义，我们就能够明白在发情期消退过程中的原始人类，为什么必须用性禁忌来约束自身性行为的原因。这就是性为什么要受到社会严格约束。"性自由"究竟错在哪里？从古至今，为什么无论个人，还是社会，凡是恣意放纵性欲，逾越生殖系统正常的自然生理功能，割裂生殖生理的完整过程，以追求不承担繁衍后代责任的性愉悦为享乐，都会遭受天谴般的严厉惩罚？对此，受"性自由"蛊惑而放纵性欲的今人，丝毫不能理解"淫为万恶之首"的自然科学深刻含义。不仅如此，反而以"性自由"的淫乱为乐，为荣，为"真理"。尽管反传统性道德之道而行之的恶果已经触目惊心，尽管淫乱者还在盲目沾沾自喜，然而天谴的大祸已然临头。因为淫乱的无功受禄违逆自然规律，犯了《易经》"厚德载物"的大忌，成了德不配位。德不配位，必有灾殃。谓予不信，请拭目以待。

人类违背"厚德载物"原则，为获取性与生殖分离无功受禄的性愉悦，追求无须履行生命传承使命，因而造成德不配位的性行为，虽然都以非婚姻行为的形式出现，但是名目繁多，表现五花八门，对个人、家庭和社会的危害也多种多样。诸如损害身心健康，破坏家庭幸福安宁和稳定，伤害子女的身心健康成长和成才；引发体质退化和遗传疾病，混淆自然性别，损害躯体器官，传播性病；违反社会伦理道德，扰乱社会治安，破坏社会道德风尚和正常秩序，违反法律的刑事犯罪……凡此种种，这类违反自然规律的非分性行为，都有害于人类的生存繁衍和体质进化，不利于社会的文明进步。古代称之为违背"天理人伦"，现代就是违反自然规律和社会行为规范。

"人伦"源自"天理"，所以遵守性道德就是遵循自然规律，违背性道德就是违反自然规律。"天理"作为物质运动的自然规律是无意识的，亘古不变，也不可能以人的意志为转移。人类只能去探索，发现，遵循，而绝不可能创造，发明，也不能违反自然规律。"人伦"作为社会实践产物的社会行为规范，产生于人类意识，能以人的意志为转移，其形成和发展是一个受到人类意识影响的、与时俱进的试误过程。正确的尝试得到保存，错误的尝试被淘汰，凡是经长期社会实践证明是正确的，通常都符合自然规律；凡是错误的，肯定都违反自然规律。社会的文明进步，是建立在以后天习得的文明理性行为，约束先天本能的不文明非理性行为基础上的。这种约束机制就是变人类非理性的无序行为为理性的有序行为的社会行为规范。由于人类对自身的非理性本能行为必须受到社会约束，有一个认识过程，因此社会规范的萌生与形成，必然要经历长期的试误变革。随着原始人类向着文明人类进步，从无到有，从简单到复杂，从初级到高级，从不成熟到成熟；从少些有利，到比较有利，直至最有利于人类的生存进化和社会的文明进步，其本质则是从循着自然规律的轨迹开始，从逐渐接近，到较为接近，直至无限接近和符合自然规律。某种直接关系到人类生死存亡的重要社会规范，例如原始人类的，要是某个原始部落或初级文明社会，从开始形成时的尝试就发生错误，或者在形成后的继续试误过程中，不是一次次减少失误，而是接连出现重大失误，致使社会规范无法形成，或者中途削弱，或者最终失效，就会相应造成轻重程度不同的生存危机，遭遇灾祸，甚至部落或民族的灭绝。由于人类的生存进化和社会的文明进步是一个漫长的连续发展过程，因此任何生存不可或缺的重要社会行为规范，都永远处于试误变革的发展过程中。随着社会文明程度的日渐提高，社会生活越来越复杂，社会规范也将越来越多，越来越严格。这就是"人伦"与"天理"之间的关系。**任何禁忌、习俗、伦理、道德、法律，都属于人伦。其形成和发展都是人类为促使自身行为从非理性向着越来越理性，越来越趋于符合自然规律的社会实践产物，都是在不断的试误过程中，循着越来越接近自然规律的方向发展的。**

"天道有常，不为尧存，不为桀亡。"（《荀子·天论》）无意识，无目的的自然规律恒定不变，但遵循自然规律运转的自然环境却只有相对稳定，并不恒定，有时甚至变化无常。大自然不是为人类的需要而存在和运转的。人类并非宇宙有目的的产物，"天之骄子"不可能享有大自然的任何优惠。

"天作孽，犹可违；自作孽，不可活。"地球上所发生的一切自然现象，可以是层峦叠翠的群山，风平浪静的海洋；也可以是山崩地裂的地震，狂浪滔天的海啸；可以是风调雨顺，五谷丰登的大丰收景象；也可以是赤地千里，饿殍遍野的大饥荒惨状。瑞雪丰年也好，水涝干旱也罢，都是物质世界遵循自然规律运转的结果，都属于"天道有常"。虽然都是"天道"，符合自然规律，但是不一定都有利于人类的生存，甚至还可以危害我们的生命，这就是天灾。地球是宇宙间一颗不大的行星，按自然规律运转，出现洪水、风暴、干旱、地震、火山爆发的局部性自然灾害，甚至遭遇小行星撞击的毁灭性大灾变，以及人类所惧怕的饥荒、瘟疫等灾害。古代称天灾，现代叫自然灾害，都是自然规律运转的结果。天灾是"天作孽"。此时，如果人类战天斗地，奋起抗灾，战胜自然灾害，就是"天作孽，犹可违"。如果人类自己破坏自然环境引起灾祸，或者在自然灾害面前，不是采取最积极有效的措施减轻、避免、消除灾害，反倒违反抗灾的自然规律，不遵循抗灾的"天道"，用愚蠢的行为加重自然灾害。这便成为"自作孽"，以致加重天灾，甚至遭受灭顶之灾，最终造成"自作孽，不可活"的悲剧。

　　在自然生态下生存的原始人类，如果人体存在常见微生物的部位，尤其是外生殖道有某种微生物发生突变，成为性传播疾病的病原体，这个人便患上性病。如果这种性病是致命的，病人就会死亡。这种决定于自然规律的自然现象，对于人类是天灾，是"天作孽"。此时，如果发生性病的原始部落因为历史上的种种有关原因，已经存在严厉的性禁忌，原始居民们已经习惯于严格遵守。没有性乱行为，性病因此不会在部落内流行，这个部落就能幸存下来，这是"天作孽，犹可违"。相反，如果该部落虽有性禁忌，但不严格，包括那个首发病人在内的部分部落居民，仍有偷偷摸摸的性乱行为，结果这部分人都染上性病死了，这就应了"自作孽，不可活"。要是这个部落还没有形成性禁忌，整个部落就会因性病流行灭绝。这种情况也应属"自作孽，不可活"，因为原始人类，即使是一个部落，同样必须由自己承担文明进步停滞不前和落后所造成的一切惨痛后果。**性与生殖不可分离，雄性动物受性欲冲动驱使追逐雌性，获取性愉悦，不可能割裂性与生殖繁育后代的联系，最终的结果依旧是繁衍后代传承生命。人类男人割裂性与生殖，逃避和拒绝承担生育和抚养后代的责任，以寻欢作乐为目的追求性愉悦满足，完全背离传承生命的历史使命，违反自然规律，结果是招致性与生殖分离带来的祸殃。**

性愉悦对于动物的生殖繁衍传承生命有着极为重要的生物学意义。就哺乳动物而言，自然选择赋予成年雄性近乎无限地持续产生大量精子的能力，以有利于更多地繁育自身后代，也因此决定了雄性动物对生殖活动的主动性和侵犯性，以及本能地获取多配偶的行为倾向。雄性获得配偶越多，性活动越频繁，个体繁殖后代的数量也越多。**生命物质通过不断复制自身以繁衍后代的自然属性，决定了凡是生命，包括所有物种，所有个体，来到世间都负有尽可能多地传承后代的历史使命。任何动物均如此，人类也不可能例外。**

在自然生态下，动物的生存进化，主要改变自身躯体形态和本能，增强被动生存的适应能力，所有的生存行为最终都是为了繁衍后代，传承生命。原始人类在经历从猿到人的进化质变过程中，躯体形态从早期原始人类基本近似远古猿类，逐渐进化到晚期原始人类基本与现代人类一致。生存环境从完全的自然生态，逐渐转变为基本以社会生态为主。在社会生态下，现代人类的生存进化，主要为改变外界环境，以适应自身生存需要。完成躯体形态进化后的现代人类体质进化与社会文明进步主要是增强主动改造环境的能力，然而所有的行为，最终也仍然是为了繁衍后代，传承生命，即使是看起来很难与繁衍后代的需要相联系的行为。但是只要符合自然规律，对人类的生存有利，而不是有害，其最终目的依然是为了繁衍后代，传承生命。例如升上太空，潜入深海，表面上似乎与繁衍后代无关，实质上仍然如此。升上太空，探索和准备开拓未来可能供人类生存的近地行星，研究其他天体对地球的影响……；潜入深海，探寻矿藏，研究水生生物……，都是为了人类生存的需要，最终仍然是为了繁衍后代，传承生命。

"天人合一"的人类作为生命物质，作为动物的一个物种，存在就是为了繁衍后代，传承生命。每一个国家，每一个民族，每一个个人，都承担着维护人类生生不息的历史使命，因此整个人类确实应该，而且确实是一个命运共同体。

没有任何一种动物，包括原始人类，是在懂得发情期的行为是为了繁衍后代，传承生命之后，才有意识地参与求偶活动。生物在进化为动物过程中，无意识的自然选择决定了动物的所有本能行为，都是为了生存和繁衍；而任何一种由自主神经系统支配的外显生存行为，也即见诸行动的生存行为，都是一个完整的生理过程，都由特定的欲望启动，并且在完成这一过程的特定阶段，或终结时，产生愉悦性质和强弱程度不等的心理愉悦感。

"食、色，性也。""食"，有食欲；"色"，有性欲。进食，吃饱了食欲满足，产生饱腹的愉悦感；生殖，求偶交媾过程中和终结时性欲满足产生性愉悦感。进食是为了获取营养，有了营养动物能够生长发育达到性成熟，性成熟的动物可以繁衍后代，履行生命传承并在世代交替过程中不断进化的历史使命。而这正是每一个生命来到世界，生存一个世代的唯一目的，唯一价值，唯一意义。

生命物质的运动规律，在于任何生物物种都是通过获取并同化外环境物质和能量，用于自身的不断复制增殖，尽可能多地繁衍后代，以世代交替的形式，无限传承后代。生命物质的这一本质属性体现在有性繁殖物种，尤其是雄性动物身上，就表现得尤为突出。正是这一原因，决定了雄性动物在发情期的求偶行为表现。

生殖繁衍对生命传承的极端重要性处于无可替代的首要位置，自然选择决定了性愉悦在所有心理愉悦感中，具有无法比拟，不可言喻和难于抗拒的特殊诱惑力。因此发情期雄性总是受强烈的性欲驱使，急切地以几乎无限的热情和旺盛精力追逐雌性，为获取性愉悦而不可克制地频繁进行性活动，原因就在于紧迫而又尽可能多地复制自身以繁衍后代传承生命的特性。

物质运动，同样也包括生命物质的运动，是一个无意识过程。动物，原始人类，还有当今尚未透彻了解生命真谛的现代人类，都不可能自觉意识到性的激情和无限制地放纵性欲，贪得无厌地追求性愉悦满足，并非什么天赋的"性权利"。而仅仅是因为受自然选择形成的原始生殖本能欲望驱使，身不由己地去践行繁殖更多后代的动物生存竞争本能。对人类来说，如果脱离生殖繁衍后代传承生命的历史使命，性与生殖分离，单纯追求非分的性愉悦是为了享乐；但就生命传承而言，这种无功受禄行为犹如有美味而无食物，口惠而实不至，不能完成生命传承的全过程，破坏了由自然选择机制形成生殖生理过程和生育抚养后代的完整性。违背了自然规律，理所当然为自然规律，也即天理所不容。对于社会生态下的文明人类来说，这是一种非理性的先天原始本能行为，也就是古人所言违背天理的"人欲"。**中国民间，广泛流传着"十男九色"和"十个男的九个坏"，以及"好男占八房"等谚语，都有着深刻的生物学根源。谚语揭示了现代人类继承和延续着原始人类在自然生态条件下，非理性的动物原始本能行为。**至于女性继承的是雌性古猿的生殖基因，因为有着较长的怀孕期和哺乳期，并且单胎生育，生殖和哺育能力有限，为此付出的代价又大，因而对雄性的健壮程度，对妻儿的供养与保护能力等有所考虑和选择，在求偶活动中比较谨慎，相对被动，很少可能像雄性这样积极主动和贪得无厌，因为雄性动物并无妊娠、分娩、哺乳之累。如果没有自然选择机制形成像雄鸟和雌鸟共同承担哺育教养幼鸟的自然生态机制，雄性动物甚至可以完全对抚育后代承担任何责任，例如雄性老虎。社会生态下，现代人类的无德男人拒绝承担家庭责任也是一样。

性愉悦是生殖生理全过程中的一个阶段性生理心理反应，作为承前启后的激励因素，既是对求偶行为结束的奖励，又是对开始妊娠，以及未来分娩、哺乳、抚育，直到下一代具备独立生存能力为止的，整个后续生殖繁衍任务最后完成的激励和鼓励。**每当一个阶段任务完成，如婴儿诞生，儿女健康成长后具备独立生存能力，父母都会获得性质不同于性愉悦的强烈心理愉悦作为奖励。**然而唯独性愉悦可以逃避对生命传承使命的责任，无功受禄。而其余愉悦都必须为之付出负责任的辛勤代价，又何况性愉悦有着独特的愉悦性质，因而被人类视为可以从整个生殖繁衍周期中剥离出来，单独用作与生殖繁衍无关的享乐活动。伦常乖舛，背离"厚德载物"，蒙骗大自然，对大自然进行欺诈性巧取豪夺的悖行，使性愉悦沦为无视天理的非分人欲，完全无视履行生命传承使命是人类生存繁衍不容亵渎的美好德行，显然违反了自然规律。

传统性道德与科学的一夫一妻婚姻制度

——一夫一妻婚姻制度是方兴未艾的新生事物

性与生殖不容分离，原始生殖本能必须受到约束，这是生命传承的自然规律。人类发情期消失，约束原始性本能的自然机制不再存在，性禁忌成为取代发情期的有效社会约束机制。原始社会依靠有着维护生殖健康，保护生育安全和哺育婴幼儿健康成长功能，以及维持社会安定功能的性禁忌，克服了发情期消失引发的生存危机，也为原始社会的早期婚姻奠定了行为规范基础。**性禁忌这一有利于人类生存进化和社会文明进步等多方面历史价值的社会行为规范，到了古代发展为性道德，并最终成为确立人类社会婚姻制度的基础，进而成为婚姻家庭道德。进入近代社会后，便成为传统性道德和传统婚姻家庭道德。**

人类先民，在数以十万年，数十万年，乃至上百万年计的漫长进化历程中，以疾病痛苦、鲜血和生命为代价，历经无数次社会实践的试误检验，才逐渐萌生、发展、成熟的传统性道德，在漫长的社会实践过程中，已经被历史证明是约束原始生殖本能，限制性与生殖分离，行之有效的文明社会行为规范。而在今天看来，其中还包含着预防和遏止性病流行的现代医学内涵，尽管当时还不懂得什么是预防医学，但毕竟不是无益的祈求神灵保佑，也不是莫名其妙地强加于原始人类的，野蛮愚昧，不人道的"性禁锢"，而是符合现代自然科学原理，对于预防和遏止性病流行有实际社会效果的文明进步产物。传统性道德是人类在与大自然造成的生殖健康危机和疫病灾祸抗争过程中，变消极被动存活为积极主动生存，作出难于估量的重大历史贡献，无可非议地改变了人类命运的伟大创举，弥足珍贵。**有文字记载的数千年人类文明历史表明，传统性道德仍然继续发挥着保护和促进人类生殖健康，预防性病流行，维护婚姻家庭和谐稳定，保持社会安定等积极作用，因而对人类生存繁衍和社会文明进步有着重要的现实意义。**对于人欲横流，色情泛滥，导致性病全球性严重流行的当今世界，更是最终预防和遏止艾滋病性病不可取代的最有效措施。可以肯定说，也是最后的措施。

然而时至今日，健忘的人类竟然完全遗忘了人类祖先在过去数十万，成百万年的漫长岁月里，是怎样依靠性禁忌和传统性道德预防性病和维护生殖健康，以及其他多方面不可取代的重大社会功能，才能够生生不息，一代代顺利地生存进化，直到有我们的今天。**人类身受祖宗遗留下的传统文化福佑，却身在福中不知福，不理解其重要价值，不知道珍惜爱护，不懂得传承和弘扬，更不会感恩戴德。**就中华民族而言，我们身为炎黄子孙，决不能禁不住原始生殖本能潜意识非理性的引诱和唆使，色欲熏心，数典忘祖，盲目自以为是，妄自尊大，色胆包天，不敬畏天命，不敬重祖先，无端蔑视和谴责祖先恩赐给后人的传统性道德迂腐保守，压制"人性"；也不应该经受不住西方性自由生活方式诱惑，为满足性愉悦而追求非分人欲，将传统性道德视为"性禁锢"；更不可诋毁优秀传统文化，摒弃传统性道德，完全无视传统性道德的重要历史价值和现实意义，鼓吹"性观念转变"，宣扬"性观念开放"，以至违背自然规律而坠入"自作孽，不可活"的性自由陷阱。

随着西方"性革命"和"性解放"煽起的性自由生活方式造成的淫乱行为向全球蔓延，先是招致性病蔓延，紧接着便是艾滋病发生世界性大流行。与此同时，性自由方式还导致非婚怀孕，单身母亲，单亲家庭和破碎家庭不断增多，离婚率急剧上升，健全家庭越来越少，直至有超过50%的成年人不结婚，造成了家庭解体的恶性趋势，并衍生了一些严重破坏社会安定因素的消极后果。婚姻家庭是现代社会存在的基石，婚姻解体直接动摇了社会基础，威胁着人类文明进步和生存发展，最终将导致人类社会的毁灭。

通常认为遵守传统性道德有利于维护社会秩序，而社会秩序是社会稳定所必需的。但是从深一层次考虑，社会秩序之所以存在和必须维护，其实质在于保证人类的生存进化和社会进步能更好地顺应自然规律，并在不断经受社会实践的试误筛选过程中发展进步，使人类的生存活动越来越接近，直到基本上符合自然规律。**无论个人、社群、民族，无论贫富、贵贱、高下，也无论古代、当今、未来，凡是违背传统性道德的一切淫乱行为，都必定违逆自然规律，破坏社会秩序，最终都会受到自然和社会的双重惩罚。原因就在于违背"厚德载物"。**

尽管令今人惊异，然而却在自然规律之中。**这就是自有文字记载以来的三千多年间，凡是有着悠久文明历史的民族传统性道德，在除却男权社会约束女性的内容后，其性爱与婚姻统一的核心理念，与自然选择形成的性与生殖不可分离的繁育后代整体功能内涵，两者竟然衔接得天衣无缝，完全吻合一致。**"万物同源，万事同理"。自然科学与社会科学的浑然一体，表明人类社会实践在不断试误探索中所创建的文明进步，是循着自然规律的轨迹稳步前进的。至于私有制男权社会对人类文明进步所起的阶段性历史作用，尽管曾经以牺牲女性的部分权利为代价，然而毕竟达到了家庭和社会的和谐安定，确保了人类生存繁衍所必需的生产力提高，使社会的文明进步得以持续推进，完满地终结了阻碍文明历史继续向前发展的母系氏族社会。从生物学角度的观察可以发现，在以体力劳动为主的农牧时代，男性能创造更多的社会财富。取决于自然选择形成的男性体力优势，成为形成私有制男权社会的决定性因素，因此仍然是由自然规律在支配着社会发展。

"不孝有三，无后为大"和家谱文化，曾经被作为封建残余思想批判。然而当用现代自然科学来诠释这些古代生育观念和家庭文化时，我们却能清晰地发现这是完全与生命传承的自然规律契合的。正因为古人有了这样的坚定信念，中华民族才能绵延不绝，从不断代，繁衍兴盛到今天拥有十四亿子孙。要维护中华民族的血脉传承，就必须有中华民族优秀传统文化的传承，也就不能没有"不孝有三，无后为大"，也不能没有家谱文化。

传统性道德与婚姻道德是有继承性的。人类社会是由有着两性差异的男人与女人共同构成的矛盾统一体。有差异就有矛盾，形成既有合作，又有斗争的两性的利益之争。两性矛盾原本就是人类社会的基本核心矛盾。人类社会作为男女两性的矛盾统一体，历史性的性别妥协、合作是符合自然规律的天作之合。**随着科学技术的迅速发展和物质生产的丰富，体力劳动向脑力劳动转移，使得男女走向平权，人类社会的精神文明也日趋进步，古代传统性道德中轻视女性的内容已经成为陈旧的历史痕迹，作为历史糟粕必然会被时代清除，但传统性道德的精华，依然是中华传统文化的瑰宝。**

传统性道德在与时俱进的演变发展中，是有历史继承性的，在消除男女不平等的历史遗痕后，传统性道德中的精粹必将继续得到弘扬，并成为现代性道德的核心内容，从而使旧的传统性道德，发展成为新的传统性道德。为了传承和弘扬中华民族的优秀传统文化，必须坚决抵制和拒绝违反自然规律的性革命和性自由生活方式，彻底清除性自由的消极后果和恶劣影响。要承认并重视道德的历史继承性，因为只有在恢复和重建传统性道德的基础上，才有可能建立和发展现代性道德。如果说人类的祖先是远古的高级猿类，因此不论美丑，人的躯体结构总会有几分像猿；那么由于人类的远祖是古老的四足脊椎动物，再往前则是更加古老的四鳍鱼类，因此人类就只可能有上下四肢，而永远不可能像昆虫那样长出六条肢体来，这就是不可能切断和改变的历史继承性。

精神文明是人类行为是否符合自然规律的标志。精神文明水平的高低，也就是人类行为符合自然规律的程度，可用于衡量人类行为与"天人合一"之间的差距。人类的一切行为都必须顺应天理，也即符合自然规律。由自然选择形成的完整生殖繁育生命传承过程不容割裂，决定了凡是追求不履行生命传承使命的性愉悦，永远都属于违反自然规律。违逆"天理"，不符合"厚德载物"，德不配位，必有灾殃，这就是天理不容的"自作孽，不可活"。

"天人合一"，"人伦"源自"天理"。因此作为人类行为社会规范的"人伦"，必须遵循"天理"，也即符合自然规律。可见作为"人伦"的传统性道德和一夫一妻婚姻法律制度，只有遵循"天理"，即符合自然规律，才能经得住社会实践的历史考验。社会科学与自然科学的弥合，以自然科学为基础的社会科学，使人类有了判断行为的是与非，真善美与假恶丑的客观科学标准。

基于以上论述，性与婚姻统一，性与婚姻内的爱情统一的传统性道德和一夫一妻婚姻法律制度，与由自然选择形成的完整履行生命传承使命契合一致，完全符合自然规律，呈现了两性纯真关系的真善美。一切非婚性行为，也就是为追求不履行生命传承使命的性愉悦活动，都是非分的"人欲"，显现出非分两性关系的假恶丑。"存天理，灭人欲"，任何非婚性行为，都属于追求"人欲"的不道德行为，甚或是违法犯罪行为。

　　由自然规律决定的性器官即生殖器官，性欲望就是生殖欲望，性与生殖是同一生理过程，因此决定了性与生殖的不可分离。性愉悦与生命传承使命，作为一个不应被人为分割的整体，不容许在脱离婚姻的情况下，被单独用于无功受禄的享乐目的。与之相应的便是文明进步，建立在传统性道德基础上的，性与爱统一，性欲与婚姻统一的一夫一妻婚姻制度，这就是当今历史体现两性关系的最高精神文明。

　　山盟海誓，海枯石烂，天荒地老，永不分离。两性爱情忠贞不渝的生物学意义，在于双方坚定承诺共同承担生命传承的历史责任，保证坚定不移地从物质和精神两个方面，为后代身心健康地茁壮成长作出最大的历史性贡献。**自古以来，中国社会的传统家庭普遍都以此为美德，可见一夫一妻婚姻制度和夫妻相互忠诚之爱是遵循自然规律发展的必然产物。**传统性道德实际上反映出人类婚姻家庭的社会实践，是在自然规律支配下，通过规范人类性行为确立性爱与婚姻的统一关系，以奠定婚姻制度基础，促使男性必须与女性结为夫妻，互相尊重和爱护，共同承担家庭责任，维护家庭利益，为社会，更为生命传承，抚养和教育子女学习生活知识和工作技能，直到具备独立生活能力，成为对人类、对国家、对家庭有贡献的优秀后代。符合自然规律的传统性道德通过规范人类性行为确立的性爱与婚姻统一，奠定了婚姻制度基础，就动物而言，多配偶倾向是雄性的原始生殖本能，由动物进化而来的人类继承了这一本能。一夫一妻婚姻制度的确立，从法律上废止了一夫多妻制度，严格限制了男性的这一与生俱来的非理性动物原始生殖本能，使男性的多配偶本能意识和行为，受到强制性的法律限制，从而限定男性为获取性愉悦，就必须建立合法婚姻关系，成立家庭，不离不弃，成为与妻子同舟共济的丈夫，做一个忠于丈夫职守，能坚持把家庭之舟拉向目的地的终身纤夫，不准再有邪念。就夫妻双方而言，这一切均为自然规律赋予两性共同履行完整生命传承历史使命应尽的天职。

中国封建男权社会，统治阶级规定的一夫一妻多妾制度，只是反映统治阶级自身的多配偶本能欲求，确保能够享有合法的多妻特权，而占人口绝大多数的劳动人民实际上只可能实行一夫一妻。**虽然任何男性的原始生殖遗传基因，都使他们具有多配偶本能意识，但是恪守性道德，崇尚夫妻互敬互爱，相互忠诚，不离不弃，白头偕老的美德，在长期社会教化过程中，已经成为深入人心的民间优良传统习俗。**深刻的内在原因在于传统性道德符合自然规律，最有利于人类生存进化和社会文明进步。尽管古人对其中的科学道理一无所知，然而社会实践经验却使他们认识到必须遵守传统性道德，才能获得美满幸福的家庭生活，教养出有出息的子女，因而在自己身体力行的同时，以此教育子女，通过言传身教，使这一美德代代相传。

中国古代以互相忠诚，互敬互爱，不离不弃的一夫一妻婚姻作为最高境界的婚姻美德。房玄龄抗旨拒绝纳妾，管道昇打消赵孟頫娶妾念头的《我侬词》，王阳明被誉为古今完人，已经成为流传人间的千古佳话。至于主张"存天理，灭人欲"的朱熹，当时已清楚说明人欲是指非分人欲。他说的"饿死事小，失节事大"，是针对官僚士大夫的失节，而不是寡妇改嫁。实际上他还支持和帮助过守寡的外甥媳妇改嫁。朱熹曾娶两名还俗尼姑为妾，在当时是合法的，无可非议的。武则天也是还俗尼姑。但是朱熹在受到指责后，公开承认自己做不到"灭人欲"的过错，历史也宽恕了他，没有影响他在宋明理学上做出的重大贡献和历史功绩。反倒是近代学术界故意歪曲理学，以批判"存天理，灭人欲"为由，诋毁理学灭绝"人性"，肆意宣扬放纵非分人欲，诋毁传统性道德，造成了人欲横流，性乱和色情泛滥的不良社会风气，直到如今。

传统婚姻道德，要求爱情与婚姻统一，性与婚姻统一，夫妻恩爱，互相忠诚，没有非婚姻性行为，不轻易离婚；反对纵欲，抑制和约束男性的多配偶行为倾向；尊重女性，谴责对女性的性骚扰和性侵犯；反对色情教唆，反对嫖娼卖淫等等，都是为了限定，甚至强制每一代人，必须以最完满的方式，忠实履行生命传承的历史责任。**而自然规律给予的奖励则是：越能完满地完成生命传承历史使命的夫妻，他们的生活就越幸福美满，包括拥有能孝顺父母和事业有成就的优秀子女。**中国传统文化的家训、家规、家教和家谱文化，以及与整个人类文明历史传承的比较都是证明。就其根本原因而言，人伦源自天理，天理人伦，这样的传统文化最有利于保证生命的生存、传承和进化，而这就是自然规律，就是天命、天理。作为中华民族传统性道德的性与生殖不分离原则，促使婚姻道德顺应了自然规律，五千年来才能生生不息，绵延不绝地繁衍，发展到今天的十四亿人口。

性愉悦作为生殖生理活动中的一个生理心理反应过程，对于确立婚姻制度后的人类，已经形成有助于强化抚育教养后代责任的新社会机制。夫妻之间性与爱统一的性生活，成为增进感情，维系夫妻恩爱关系的纽带，有利于婚姻家庭的巩固。稳定的婚姻和家庭，将性爱和由双亲共同承担抚养和教育子女的责任紧密联系在一起，从而直接有利于后代的健康成长。**"厚德载物"，性爱与婚姻统一的性愉悦，应该是基本符合生命生殖繁衍自然规律的。这就是自然规律所限定的"厚德载物"，性愉悦必须和承担整个繁衍后代的生命物质历史使命融为一体。**性爱与婚姻统一的性道德，稳定和巩固了家庭，对于确保家庭承担社会责任，进而维护社会稳定，起到了决定性的作用。而只有社会稳定，才能有人类的子孙万代生生不息，亦即生命的绵延不绝。

"人伦"源自"天理"，有利于人类生存进化和社会文明进步的性道德和婚姻制度，越是完美，就越加接近和符合自然规律。完善的性道德和完美的一夫一妻婚姻制度，作为促进人类两性关系恩爱和谐和家庭幸福稳定，社会安定发展的先进文化，是符合自然规律的文明进步必然产物，对人类生存繁衍具有普遍意义，并非特定的国家、民族、信仰、宗教、历史、文化所独有，最终将为世界所有的文明民族所接受。**人类要继续向文明进步迈进，要建立有生命力，可持续发展的文明进步社会，**

所必须具备的先决条件，首先就要有一个两性关系和谐稳定的社会环境，而性道德和一夫一妻婚姻制度是唯一的选择，也是唯一的保证。

在打破一夫多妻婚姻制度旧秩序的基础上，建立起一夫一妻婚姻家庭制度的新秩序，确立了新型两性关系，完成了有序化的转变，这是物质运动所共同遵循的自然规律，也是人类社会文明进步的基础。

"天理"不可违。性愉悦是由生命传承的自然规律形成的，只属于对完整履行生命传承使命的崇高奖励。因此不存在所谓的"性愉悦具有享乐功能"的科学依据；法律只应有婚姻权利，而不存在割裂拒绝履行完整生命传承使命的任何"性权利"。此外，可伤害躯体器官，损害身心健康，引发体质退化和遗传疾病，传播性病等违背自然规律的性行为；以及混淆自然性别，违背有性繁殖的性行为；违反社会伦理道德，扰乱社会安定等破坏社会正常秩序的性行为，都属于背离"天理人伦"，亦即违反自然规律和性道德的不正常，不健康行为。

"天人合一"，人类是大自然的生命，人类只有传承生命的生殖器官，性器官只能是生殖器官，而不可能被视为可用于与传承生命无关的性愉悦享乐器官。**评价和判断人类性行为的是与非、善与恶、正常与不正常的唯一标准，是生命传承的自然规律。**性社会学缺乏自然科学依据的任何说法都是毫无意义的，属于人体器官的被滥用。任何人体器官被用作追求性愉悦享乐的行为，均为非理性的追求非分人欲。既违反生命传承的自然规律，又违背人体器官正常生理功能的自然规律，只能把人类的性观念和性行为搅成一团乱麻，对身体健康和社会安定有百害而无一利。

性愉悦与夫妻共同承担完整生命传承历史使命的一夫一妻婚姻制度，具有符合自然规律的科学性和进步性。**性愉悦与生命传承使命是一个不容人为割裂的整体，不能被单独用于无功受禄的享乐目的。与之相应的便是文明进步的性道德和性爱与婚姻统一的一夫一妻婚姻制度。**

传统性道德，要求性与婚姻统一，性与婚姻内的爱统一，夫妻恩爱，没有婚前和婚外性行为，不轻易离婚；反对纵欲，抑制和约束男性的多配偶倾向；尊重女性，谴责对女性的性骚扰和性侵犯；反对色情教唆，拒绝嫖娼卖淫等等社会行为规范。

性愉悦作为生殖生理活动中的一个生理心理反应过程，对于确立婚姻制度后的人类，已经形成有助于强化抚育教养后代责任的社会生态机制。夫妻之间性与爱统一的性生活，成为增进感情，维系夫妻恩爱关系的纽带，有利于家庭的巩固。稳定的家庭，将性爱和由双亲共同承担抚养和教育子女的责任紧密联系在一起，从而直接有利于后代的健康成长。"厚德载物"，性爱与婚姻统一的性愉悦，应该是完全符合生命生殖繁衍自然规律对婚姻德行的崇高奖励。这就是自然规律所限定的"厚德载物"。性愉悦必须和承担整个繁衍后代的生命物质历史使命融为一体。传统性道德形成性爱与婚姻统一的良好风尚，稳定和巩固了家庭，对于确保家庭承担社会责任，进而维护社会稳定，起到了决定性的作用。而只有社会稳定，才能有人类的子孙万代生生不息，亦即生命的绵延不绝。

从有文字记载的世界历史来看，无论东方西方，还是中国外国，性道德古来有之。在这数千年间，婚姻制度从不完善和不严格，逐渐向着完善和严格发展，而且越是文明的民族，就越完善和越严格。建立在传统性道德基础上的一夫一妻婚姻制度，也存在同样情况。**正是在一夫一妻婚姻制度普及得最早，并受传统性道德严格约束的欧洲，能够最早发展起先进的近代文明，应该是最好的例证。**

婚姻家庭制度确立了两性关系从无序到有序的转变，而一夫一妻婚姻制度是整个人类共同迈向社会文明进步的基础。**一夫一妻婚姻制度作为符合全人类所必须共同遵循的自然规律，是人类在亿万年间尝试建立婚姻制度的过程中，历经无数次社会实践的试误，经受挫折，遭遇失败，汲取教训，最终探索到的最科学途径。**之所以说科学，在于一夫一妻婚姻制合乎失去发情期后的人类，在保护生殖健康和维护生育安全，以及保证婴幼儿健康成长的需要；符合人类性与生殖是不容割裂的完整生理过程；生育、抚养、教育后代，直到具备独立生活能力的完整责任，必须由夫妻双方共同承担；而婚姻内的性爱与婚姻统一性愉悦，作为感情的联系纽带，有助于增进夫妻恩爱感情，进而有益于双方密切合作，共同培育子女成长，履行和完成生命传承历史使命的责任；以及符合人类婴儿出生男女性别比接近 1.08 比 1 的比例。以上所有用于证明一夫一妻婚姻制度优越性的理由，纯属自然科学内容。因此一夫一妻婚姻制度的形成和确立过程，客观地反映出人类社会科学实践在解决两性矛盾的实际历史进程，是循着从探索、寻求符合自然规律开始，到一次次逐渐接近，到比较接近，直到基本符合自然规律进步的发展历程进行的。同时也证明，"天人合一"，人伦来自天理，人伦符合天理。社会科学是以自然科学为基础，完全遵循自然规律的。

在人类进化和社会进步的现阶段，一夫一妻婚姻制度从形成至今不过一、二千年时间，就整个人类进化和文明发展的数百万年历史，或者原始社会数十万年的婚姻发展史来看，都仅仅是转眼的一瞬间。一夫一妻婚姻制度，作为人类文明进步史上有待全人类普遍接受的新生事物，迄今尚未在世界上全面确立，其优越性也还没有得到充分发挥，却无端遭到金赛主义者的竭力诋毁和破坏。

"婚姻消亡论"是违背自然科学，名副其实的伪科学。金赛主义者凭主观臆断，以貌似有理的理论根据为合理化理由，宣扬婚姻制度即将消亡，其罪恶目的在于妄图加速婚姻和家庭解体，进一步蛊惑和煽动推行性自由生活方式，放纵非分人欲，追求以满足性愉悦为享受的淫乱行为。

然而金赛性革命的性自由生活方式，完全背离生命传承的自然规律，对传统性道德和一夫一妻婚姻制度的严重破坏，早已在全球范围内造成极其严重的灾难性后果。一夫一妻婚姻制度和健全家庭，一旦遭受倒行逆施的"婚姻消亡论"彻底破坏，文明社会赖于存在的婚姻家庭基础就不复存在，人类社会必将陷入极度无序和极端混乱，以至面临毁灭的灾祸。金赛主义者的"婚姻消亡论"，充分暴露了其反社会、反文明、反进步、反人类的本质。

性的本能行为与性的道德行为的神经生理机制差异

——人类原始生殖本能的调控机制，从自然生态向社会生态转变

巴甫洛夫发现和阐明的条件反射与非条件反射，两者由于形成的进化历史阶段不同，形成的机制不同，功能所在神经中枢的部位不同，表达过程的神经生理机制不同，对动物，包括人类行为的作用和意义不同，决定了条件反射完全不可能转化为非条件反射。实际上是由大脑皮层形成的，所有属于包括类似于操作性条件反射等在内的条件反射范畴，具体的知情意心理活动，以及由此产生的思维、情感、意识、观念、意志、知识、技能等的记忆和行为，都是后天习得的、具体的，至多只能持续一生，都不能转化为可遗传的，属于先天非条件反射范畴的本能意识和本能行为。也就是不能形成遗传基因程序，没有可能成为可遗传给下一代的先天本能。

然而当年巴甫洛夫认为，动物的非条件反射通过连续多代强化后，就能够成为非条件反射。意思是后天建立的条件反射，经过一代又一代连续不断的强化，最后就能获得遗传性，成为后代与生俱来的先天的条件反射。当时有关条件反射的文章和条件反射学说获得诺贝尔奖之后，成为大学生理学教科书的内容，通常会提到这一推论。

巴甫洛夫的推论涉及一个非常重要的问题。条件反射是在

动物实验中发现的，实际上建立条件反射是一种后天学习行为。人类的学习活动都是属于条件反射范畴的神经生理过程。巴甫洛夫的论断如果是正确的，那就意味着人类后天通过学习获得的语言、知识、技能，将来都可以成为生而有之的先天本能，不必什么都从头开始学起。对本书的主题来说，这就是传统性道德观念经过连续多代人的强化教育，就可以成为先天本能意识和本能行为，人类后代从此天生就具有原来越强的传统性道德还念，能够自觉遵守性道德。这是一个多么美好而又"人性"的愿望！

然而究竟有没有可能？到底要经过多少代的条件反射强化训练才能达到目的？谁也无法知道，现实生活中也找不到没一个足于证明这种论断的实证。到了近代，学术界基本上否定了巴甫洛夫当时的推论。然而为什么条件反射不可能通过连续多代强化转化为非条件反射？同样谁也拿不出可以成为反证理由的实证。

作者认为：首先，巴甫洛夫的推论一开始就存在逻辑上的矛盾。**条件反射是建立在非条件反射基础上的，而非条件反射则是由条件反射经多代连续强化转变来的。**那么第一个非条件反射从何而来？

人类婴儿的抓握反射是继承自人祖古猿的先天非条件反射，出生时的自然表达最为突出。两只小手在空中乱晃，碰到什么就紧紧抓住，决不松手。这是一种极端重要的树上生存本能，如果缺少，就必定从树上掉下夭折。抓握反射可以被设想为是原始灵长类动物类上树后建立的条件反射，经连续多代强化后成为可遗传的先天非条件反射。但这是过于简单化的直线推导，纯属主观臆断的想象。合乎进化论的推断，灵长类动物的祖先应该是一种长着小脚掌和五个短脚趾，用四肢在地上爬行的小型哺乳动物。没有抓握能力，它们是像猫那样用脚爪爬上树的。在自然生态下，如果在树上生下幼崽，自然选择机制的筛选原则"抓住者生，抓不住者死"，只有一次机会。生死几率并非各占50%，而是零，因为短脚趾没有抓握可能，不存在建立条件反射的可能，更谈不上反复强化。它们上树后很可能是像鸟类一样在树杈上筑巢，幼崽也像幼鸟一样很少会掉出巢外。尤为重要的在于，原来在地上生活的灵长类动物祖先，怎么有可能在上树前就已经进化出具有抓握能力的四肢？这样的四肢在地上怎么生存？既然在地上已经具备有抓握能力的四肢，还有什么必要上树求生，然后再从树上下来？所以抓握反射是由条件反射转化为非条件反射的推断缺乏进化论依据。

抓握反射是这种具有五趾的小型哺乳动物，在离开地面上树的进化过程中，直接由自然选择机制形成的先天本能。从原本用四肢在地面爬行的五个短脚趾和小脚掌，经过长期在树上生存活动的适应性进化，逐渐缓慢形成能握住树枝，适应树上生活的四个长脚趾和大脚掌的躯体解剖结构形态和相应功能变化，并同步形成具有完整神经反射弧的非条件抓握反射。此时，灵长类动物作为新物种已经形成。灵长类动物有了抓握能力，母猴既能怀抱幼猴，幼猴又能够抓住母猴毛发或树枝，即使没有巢，在树上也是安全的。

这一过程表明，抓握反射的形成是一个物种，演变为一个新物种的进化过程。非条件反射的形成过程，同时也是新物种的形成过程，时间极为缓慢，至少需要数十万年，甚至更长。而且非条件反射在形成过程中，相关遗传基因程序结构持续不断地完善，一经形成就高度稳定，表现为难于改变的遗传保守性，绝无可能在短期内消失。早在四百万年前，下树后原始人类地上生活的安全保障，使婴儿的抓握反射很少再起作用，到古代襁褓中婴儿四肢活动受到约束，抓握反射就已经完全失去意义，但是至今丝毫不见减弱就是证明。而条件反射建立得快，消失得也快。因此绝不可能有一个物种的个体，在短短一代人的时间内建立起条件反射后，再通过连续多代强化就能成为非条件反射这样的可能性。巴甫洛夫当年的这一推论是不符合进化论的。

条件反射与非条件反射是神经生理机制完全不同的两种反射，研究和认识其差异，对人类了解自身有着十分重要的价值。

条件反射与非条件反射的差异，对于人类性行为的影响和产生的后果极为重要。**不但决定了性问题对人类的困扰必定会无限期地持续下去，至少是在进化的现阶段；而且也决定了人类必须世世代代不断学习传统性道德，每一代人不仅要从小学习，一生中还必须反复强化，才能保持下去。**因为进化是一个极为缓慢的，从量变到质变的生命物质运动过程，所谓"进化的现阶段"，也就不是几百年或数千年的历史一瞬间，对于一代人或数代人来说，将是遥遥无期，永远没有指望的无限期。传统性道德的重大历史价值和现实意义，由此可见一斑。**站在人类进化的历史高度看待《金赛报告》和性革命，就人类进化和社会文明进步史而言，只不过是原始野蛮对文明进步进行挣扎和反抗的一幕小闹剧；而对于当今世界，则是严重祸害人类生存的一场大悲剧。**

原始人类发情期的消失，结束了大自然对人类原始生殖本能的自然生态控制机制，因而引发了性与生殖分离的进化矛盾。为克服由此造成的这一严重的生存危机，古今人类必须确立控制原始生殖本能的社会生态机制。然而这种社会生态机制无论是性的禁忌、道德，还是法律有多么严厉，始终难于改变男人非理性的原始性本能行为，表明这一进化矛盾已经从原始社会一直持续到数百万年后的今天，而且还势必继续长期困扰未来人类。作为不同进化阶段神经系统组织结构进化形成的进化矛盾，是以脑组织的基因序列为物质基础的结构性矛盾。人类的神经组织结构，经历了亿万年"如积薪耳，后来居上"的层层叠加，已经发展形成自下而上，由简单至复杂，从低级到高级，按不同进化阶段的先后顺序排列，互相纵横联系，功能错综复杂而又极为精细，以大脑皮层为最高核心的中枢神经系统。大脑皮层下的中枢神经结构，从原始脊椎动物，经鱼类，两栖类，爬行类，到哺乳类，越是古老的部分，越是处于低级神经中枢部位，越是稳定难变。

"食、色，性也。""食"是摄食，"色"是生殖，两者都是动物最核心的生存繁衍要素。原始生命在漫长的进化过程中，从雏形到成型，逐渐形成了完整的躯体生命器官系统，与此同时也形成了相应的遗传基因序列。代代相传的遗传基因序列，在胚胎发育期间各自表达为相应的器官解剖结构。其中呼吸、循环、消化、生殖等内脏，都属于生命的核心器官系统。内脏器官的整个生理过程运转，一般都由自律神经控制，不受动物的欲望或意愿支配。消化和生殖两个生命核心器官系统的生理过程虽然也受自律神经控制，但是运转的启动，却必须受动物自主神经支配，"食、色，性也。"指的就是摄食和生殖两项原始本能行为。

摄食和生殖，作为动物生存繁衍的核心原始本能，是由低级中枢神经系统产生的欲望冲动，驱使动物觅食进食，或者求偶交配，启动消化或者生殖器官系统的功能，而这两项原始本能，对于动物的生存和繁衍起着决定性作用。动物的生命核心器官系统和与之相应的遗传基因序列一经形成，与器官相应的原始本能和表达本能的潜在意识也同时存在，并且具有极为稳定的遗传保守性和极为顽强的自然表达力。只要这一物种继续在生存进化，原始遗传基因序列基本上保持稳定不变。在此后的不同进化阶段，原始本能的表达方式可以因生存环境改变，或者形成新物种，躯体结构形态和生活习性发生适应性变异，因而受到新形成的高级神经中枢，也即大脑的调控，但是原始本能的自然表达方式和强度均保持稳定不变。如果大脑的调控一旦削弱或解除，原始本能的自然表达立即呈现。出生后一直持续发育到 20 岁以后的大脑皮层前额叶，则是人类高级神经中枢进化最晚，进化最快，并且仍然在不断进化的知情意心理和行为最高调控中心。

以生殖系统为例，原始脊椎动物不断进化，一级又一级，顺序进化为新物种鱼类、两栖类、爬行类、哺乳类。哺乳类又进化为猴类、猿类、人类。每个新物种的生存环境，躯体形态结构，生活习性也在同时发生适应性改变。在物种的进化过程中，脑的形态结构层层重叠，存在着后来居上形态。不仅能够从人类胚胎神经系统的发育过程中可以看到动态的进化痕迹，同样可以从发育成熟的人脑上分辨出鱼脑、两栖类脑、爬行动物脑、哺乳动物脑、人类大脑新皮层。爬行动物脑是在继承鱼脑、两栖类脑的基础上形成的，哺乳动物脑又在继承爬行动物脑的基础上形成；猿类的大脑皮层开始比低级哺乳动物增大，人类脑则在继承猿类脑的基础上突飞猛进般发育进化，最终成为最新和面积最大的大脑皮层。

由于遗传基因的稳定性、保守性和继承性，人类所继承的原始生殖基因序列的古老程度，至少可以追溯到鱼类这一低级脊椎动物。低级脊椎动物原始生殖基因所表达的成年雄性特征，已经是几乎能够无限地大量产生精子，生殖行为的主动性和侵犯性，能使更多的雌性受孕。因此人类所继承的原始生殖基因序列基本上可以视为不变。基因结构不变，功能也不可能变。因此人类先天的、非理性的原始生殖本能同样不会改变，只有大脑皮层后天的，属于条件反射范畴的习得性性道德社会行为规范理性行为，才有可能调控和约束先天的非理性性本能行为。

这种现象是由脑的进化造成的。大脑，也称为新脑，凡是能建立条件反射的脊椎动物，就已经有了大脑。建立条件反射是大脑的功能，是动物进行后天学习的基础。

动物的行为有两种，一种是先天本能行为，另一是后天习得行为。自然生态下，由自然选择机制支配的先天本能行为，形成过程极为缓慢，植根于遗传基因，与生俱来，高度稳定，终生不变，具有遗传性，属于整个物种的共性。由大脑支配的后天习得行为，形成过程迅速，短时间或终生储存于大脑皮层，必须通过学习获取，不稳定或相对稳定，所有习得行为都可以改变，不具有遗传性，属于个体的个性。

大脑皮层像电脑出厂时没有预置程序的空白磁盘，可以格式化，可以写入，容许改写，能够删除一样，因此相似于人类后天学习的知情意心理活动和后天的习得行为。大脑皮层下低级神经中枢像电脑出厂前有预置程序的磁盘，不可格式化，不可写入，不容许改写，不能够删除一样，因此类似于先天本能的潜意识心理活动和先天的本能行为。

但人类大脑在出生后必须在人类的社会生态下继续发育成熟才能定型为人类大脑。在成熟定型过程中，写入和改写有严格的时序限制。时序是不可逆的，循序渐进的时序一旦遭破坏，大脑发育便会发生障碍，智力将因此受到不可弥补的永久性损害。儿童发展心理学的研究，表明了儿童心理发展与大脑继续发育的时序有着直接的密切联系，狼孩的例子则是这种时序联系遭破坏后最有力的证明。

　　由于原始人类创建的社会生态环境产生的进化选择压力，形成了社会选择进化机制。社会选择促使人类大脑飞速进化，最终形成现代人类的大脑。而且人类婴儿的大脑，必须在人类社会生态环境中才有可能继续生长发育成熟为人类大脑。而人类大脑的综合创新思维功能，又进一步促使人类社会生态环境的文明进步。这样的良性循环至今仍在继续。**为此，应该将现代人类的大脑称之为"社会生态脑"。至于动物的大脑，不仅爬行类动物、哺乳类动物，甚至灵长类的高级猿猴均属于自然生态脑，这是自然选择的产物。**从猿到人，早期原始人类继承了自然生态脑，经过 400 多万年的进化历程，直到现代人类，才最后完成了从动物自然生态脑到人类社会生态脑的进化。"天人合一"，人类是大自然的产物，人类的社会生态环境不但存在于，而且也永远离不开自然生态大环境，而仅仅是自然生态环境中的一个极小，还又必须时刻与自然生态环境互动的，极为特殊的组成部分。就如同宇航太空舱和海洋深潜器的人工环境一样。（朱琪《基因的觉醒——广义进化论》，待发表著作资料）

　　人类由社会选择机制形成的，相应于建立条件反射包括自主意识的思维和行为范畴的大脑皮层神经组织结构进化，植根于遗传基因，具有遗传性，属于物种的记忆，为人类的共性。但是属于大脑神经生理功能的包括已经形成的具体后天知情意综合心理活动，思想观念，创新思维，知识技能……，以及所有习得行为，都只可能是短期、中长期，或至多持续终生的暂时储存，属于个人的记忆，为每一个体的不同个性。大脑功能的具体条件反射范畴产物，一概必须通过后天学习，思考，记忆，才能够获取，不可能形成物种的记忆，因而永远不会具有遗传性。

在社会生态环境下，人类大脑的进化机制是社会选择，促使植根于遗传基因程序的后天整体综合抽象思维和创新功能，构成大脑高级神经中枢细胞组织结构的物质基础的进化，其中不包含任何可以遗传的大脑功能产物，如具体的思想、知识、技能、感情。完全不同于在自然生态环境下，动物脑的进化机制自然选择，促使形成包含有可以遗传的功能产物，如觅食、求偶、暴力等具体本能意识和本能行为的，植根于基因程序的皮层下低级神经中枢细胞组织结构的物质基础。越是低级的哺乳动物主要依靠本能生存，不发达的大脑基本上只有形象思维能力。即使是高级猿类主要也依靠本能生存，大脑也以形象思维为主，抽象思维能力很差。**只有创造了丰富语言，有着灵巧双手，手脑并用进行创造性劳动的人类，大脑的抽象思维能力才得以充分发展。创新思维和创新能力主要都依靠抽象思维。**

大脑的进化程度，决定动物建立条件反射能力的强弱，也就是后天学习能力的高低。随着大脑的进化，建立条件反射功能逐渐增强，学习能力随之提高，先天本能行为逐渐不能直接表达，而是必须经大脑根据后天习得的知识和经验进行修正和调控，成为后天习得性行为，然后才能有意识地表达。

大脑进化程度低的动物，建立条件反射功能差，后天习得行为少，而且简单，大脑对先天本能行为的修正、调控功能差，主要依靠先天本能行为生存。大脑进化程度高的动物，建立条件反射功能强，后天习得行为复杂而丰富，从主要，直至原始本能完全必须依靠后天习得行为的调控才有可能生存，而这就是只可能在人类自己创建的社会生态环境中出生、发育、成长的现代人类。

当大脑进化程度高的动物出现某种生存必需的生理需求时，与这种先天本能相应的大脑皮层下神经中枢便发出欲求冲动的神经信号，但没有可能直接以先天本能行为付诸行动。而是必须循序上传至大脑皮层，经大脑后天习得的知识、经验修正、调控，并作出是否行动的决定。如果决定行动，便成为具有怎样行动的修正后的后天习得性行为。

有史以来的数千年间，无论古今中外，为满足性愉悦而追求非分人欲，总成为社会挥之不去的严重困扰。传统的婚姻家庭习俗、伦理、道德和法律，包括宗教教义，对非婚性行为的限制，作为社会约束不管有多么严格，惩罚有多么严厉，也只能在社会风气良好时为多数人遵守，而难于制约相当数量不服管教的叛逆者。并且社会约束很难持久，只要稍有放松，立即人欲横流，更多的人会变本加厉地纵欲，终至整个社会因荒淫无度而腐败崩溃，这样的惨痛历史教训比比皆是；至于因淫乱而身败名裂的人，更是多得不胜枚举。然而人类为什么依然故我，仍旧如此健忘，如此容易丧失理智，只要有可能摆脱社会约束，便忘乎所以，不知自珍自爱，情不自禁地热衷于为满足性愉悦而追求非分人欲？

深究其因，就在于人类继承了哺乳动物的生殖基因，而哺乳动物继承的则是低级脊椎动的生殖基因。原始生殖基因就这样遵循生物进化的遗传规律，存在于人类的遗传基因序列。原始生殖基因表达的是先天本能行为，属于人类大脑皮层下神经中枢非条件反射范畴的功能。与所有的生命生存核心本能行为一样，根深蒂固，极度稳定，万古不变，代代相传，与生俱来，终生保持；有遗传性，为人类的共性。对于失去发情期而又随时随地可以发情的人类，尤其是男性来说，美色撩人，极容易引发强烈的性欲冲动，自然表达力又极为顽强，不易克制。而遵守传统性道德表达的是后天习得行为，属于大脑皮层高级神经中枢条件反射范畴的功能。与所有后天习得行为一样，短时间或长期储存于大脑皮层，不稳定或相对稳定；必须通过学习获取，不反复学习强化就不能持久；习得行为可以改变，也可以消失；不具有遗传性，为个体的个性。

自然选择在漫长的进化过程中，对无性繁殖动物的生殖基因变异进行亿万年适者生存的筛选，才形成的有性繁殖生殖基因序列，基因结构极为稳定，遗传保守性稳固。有性繁殖基因的表达就是原始有性繁殖动物的生殖本能行为。所有有性繁殖动物的生殖本能行为都与遗传基因一样稳定不变。哺乳动物的发情期，仅仅是对自然选择对有性繁殖动物生殖活动的性激素调节。发情期虽然也存在遗传性的基因序列，但只是通过内分泌系统分泌性激素对生殖行为进行调节，而丝毫不能改变原始生殖基因的稳定性。有性繁殖动物不同物种的发情期变化很大，但是原始生殖本能行为却基本相同。发情期可以有变化，而生殖本能行为丝毫不能改变，意味着发情期遗传基因的稳定性，远不如原始生殖基因。这应该是人类发情期消失而生殖本能行为依旧的根源。由于原始生殖基因是生命传承核心本能行为的物质基础，因此一经形成就具有不可动摇的稳定性。发情期消失可能已经困扰了人类至少数十万年，近百万年，乃至百万年以上。然而同样的性问题仍将无限期地继续存在下去。表达生命传承核心本能行为的原始生殖基因，数亿年来结构极度稳定，亘古未变，决不能指望原始生殖基因会在当今人类能够想象或憧憬到的未来，发生任何可能减轻我们性困扰所希望的基因变异。因为原始生殖基因的削弱，意味着生命传承基础的削弱和动摇。人类唯一可以做到的事，只能够是加深对传统性道德的认识，自觉接受和遵守传统性道德，并在传统性道德的基础上建立更有利于人类生存发展和文明进步的现代性道德。

先天的原始生殖本能十分强大，人人生而有之，无须学习，顽强表现非理性的性自由行为倾向随时存在，因此实际上无时无刻不在困扰性道德观念薄弱的人。**相形之下，遵守性道德则显得十分脆弱，每个人都必须通过后天学习，才能具有性道德观念。遵守性道德的行为，属于条件反射范畴，不稳定，不持久，必须反复学习和实践，才能强化成为自觉的洁身自爱理性行为。一旦有所松懈，性道德观念立即削弱，甚至消失。**对传统性道德的反复学习和实践，并不是说仅仅多读几本或几遍性道德书籍，而是要创造一个重视性道德的社会环境，从家庭、学校、公共场所，到整个社会，都重视性道德，大众传媒宣扬性道德，看不见色情，听不到绯闻，营造一种崇尚性道德的舆论氛围。这就能使人人都处于学习性道德的社会大课堂，天天都能学习和实践性道德。

放纵先天生殖本能的性自由行为是非理性的，遵守性道德的后天习得行为是理性的。古往今来，在人类文明历史上，践行性道德的理性行为永远是一种传统美德。理性行为需要坚强的意志，意志越薄弱，性道德观念就越容易削弱，甚至能在瞬间消失。终生紧随的非理性原始生殖本能行为立即起而代之，即使老了也会晚节不保。

就中华民族而言，传统性道德的传承，除了尚未学习的新生婴儿，从幼儿起就已经开始学习。家庭、学校、社会、宗教场所，都是学习场所；父母、教师、亲友、邻居、小伙伴、同学、同事、社会大众，都是学习对象；可以是有意识的念书读经，也可以是日常生活中不经意的潜移默化。**而包括有文字的家训和无文字的言传身教，作为良好的家教，以及崇尚文明的社会风气和公众舆论，则起着决定性的作用。**数千年来，中华民族的传统性道德就这样通过多种学习途径，一代代传承下来的。

生殖本能行为与性道德行为的神经生理机制，分别属于非条件反射与条件反射这两个完全不同的范畴。

凡是属于非条件反射范畴的非理性先天本能行为，都是在自然生态环境中发生基因突变的基础上，由自然选择机制生成。形成过程极为缓慢，有着亿万年进化历史，植根于遗传基因，代代相传，遗传保守性极为稳定，难于改变。人类的生殖欲望，也即性欲，是非理性的先天本能行为。

凡是属于条件反射范畴的理性习得行为，都是个体在学习社会行为规范的基础上，其相关先天本能欲望冲动，经大脑皮层神经生理功能的调整和控制机制修正，才能成为符合社会行为规范的后天理性行为。后天理性习得的观念和行为暂存于个体大脑皮层的记忆功能结构，形成过程迅速，如果不经反复强化容易自行消失，难于终生保持；不进入遗传基因程序，没有遗传性，不可能遗传给后代，因而必须代代学习，时时强化。人类的性道德观念和行为，也即遵守性道德社会行为规范，属后天习得理性行为。

正是出于不同的神经生理机制的原因，人类追求性愉悦的性欲冲动，源自低级中枢发出的原始生殖本能，基因的遗传保守性极为稳定，代代相传，与生俱来，生而有之，终身存在，基本不可改变。作为先天的非条件反射，表现为出生后无须学习的非理性行为。非理性行为，必须经大脑后天习得的社会行为规范调控，修正为理性行为后，才能表达。

人类的性道德行为，源自高级中枢大脑皮层对本能进行调控、修正的理性行为。没有遗传性，不稳定，不持久，更不传代，属于人类大脑条件反射功能范畴的个人后天习得行为，必须通过后天学习，经常进行强化，才得以继续坚持。否则不仅容易改变，甚至随时发生变化。正是这一重要的神经生理机制因素，决定了作为社会行为规范的传统性道德，必须自幼通过家庭、学校、社会的教育机制，父母、教师、成年人的言传身教，社会风气潜移默化的影响，在一个有性道德观念的社会环境中才能形成，并且坚持下去。否则就会发生消极变化，甚至到老也会出变故，例如近年来老年人的艾滋病经性传播感染率上升。

性的原始本能非理性行为与性的社会理性行为之间的神经生理机制差异，决定了人类受性与生殖分离，因而成为追求非分性愉悦的人欲困扰，至今不仅挥之不去，反而又卷土重来。这便是有史以来，屡屡遭受由性问题引发的灾祸，却总又不能汲取教训。虽然已经历时千万年，但是永远难于解决的根本根源所在。强调重视传统性道德的原因，也正在于此。

唯有传统性道德才能最终遏止性病艾滋病流行
——现代生物医学已绝无可能遏止性病流行

传统性道德的历史成因，有着极为丰富和深刻的自然科学内涵。以预防性病为例，传统性道德可以预防任何一种性病，无论是历史的、现代的，或未来新发生的；也无论是由细菌、病毒、螺旋体、衣原体，或其他未知病源微生物引起的。

就性病而言，生殖道的环境和分泌物是最适合性病病原微生物滋生的温床和培养基，性行为则是传播性病病原体最适宜的途径。近代的性病世界性大流行表明，人口流动越频繁，性行为越混乱，性病的传播就越迅速和广泛，性病的种类也就越来越多。在数百万年的人类进化史上，如果我们的祖先没有能形成性禁忌和性道德，仅仅性病流行就完全可能让人类灭绝。**因此性道德不但在历史上曾经保护了人类的健康繁衍和生存进化，而且在今天依然保持着这一重要功能。**然而当今西方主流社会，却以为自己俨然已是自然界的主宰，完全藐视和毁弃了传统性道德，致使性病流行已经严重到难于遏制的势态。

早在人类出现以前，动物与病原微生物之间的生存竞争就已经存在。因基因变异而形成的病原微生物，侵入动物机体引起疫病，机体在抗病过程中产生免疫能力，消灭病原微生物恢复健康。原始人类虽然通过遗传基因继承了动物的这种自然抗病能力，但自然抗病能力是有限的。在自然生态条件下，人类在与微生物的生存竞争中并无优势，个体或种群没有可能在每一次疫病流行中都战胜微生物，失败的个体会死亡，失败的种群会灭绝。

有理由设想：尚处于自然生态条件下的早期原始人类，以种群，亦即单个小部落进行生存活动。其时的性传播疾病，并不像当今那样是一类常见和多发的传染病，而是在数百万年的长时间里，一次次因微生物变异而偶然发生于某一部落中的新疫病。如果这种性病类似淋病，在一般情况下并不致命，感染后也不会产生终身免疫力。这样的性病有可能持续流行，并损害生殖健康，致使繁殖能力下降，人口体质下降，部落逐渐衰退，失去生存竞争能力，最终难免灭绝；如果这种性病类似艾滋病，部落必然迅速灭绝，但由于部落间交往并不频繁，也不密切，灭绝的只是个别或临近有性接触的几个部落。当原始人类部落间的交往开始增多，尤其是在形成族外婚的群婚制度后，一旦发生性病，流行便会波及邻近相关部落，性病对人类的危害也就增大。然而此时已经处于原始文明创造的早期社会生态条件下，人类在对抗疾病的长期实践过程中，开始能依靠智慧，产生认识疫病和寻求对策的朦胧意识。当发现并意识到性病是通过性行为传播时，就逐渐萌生出可以遏制性病传播的社会约束机制，这便是与预防性病密切相关的性禁忌。**用性禁忌限制部落成员的性行为范围，有利于增强人类抵御疫病的能力，在与病原微生物的生存竞争中，人类得以获取超越人体自然抗病**

能力的社会生态优势，有效避免因致命的性病侵袭而遭毁灭。随着社会文明进步，性禁忌逐渐演变为性道德。然而性禁忌和性道德的形成原因和社会功能并不仅仅限于预防性病，而是广泛地涉及与人类生存活动相关的自然科学和社会科学的诸多方面，诸如维护人类生殖健康，保护生育安全，禁止血缘婚配，避免体质退化和防止近亲婚姻引起的遗传疾病，以及抑制和约束男性的多配偶倾向和对女性的性侵犯，奠定婚姻制度基础，维护家庭和社会稳定等等。由于性禁忌有着如此多的重要社会功能，因此完全有理由认为：没有原始人类的性禁忌，就没有今天的文明人类。

当今现代医学，实际上已经完全无视这样一个基本事实：微生物种类繁多，数量庞大，繁殖迅速，基因突变快，新种不断形成，生存能力极为强大。而人类仅仅是一个单一物种，人口数量有限。与微生物相比，仅仅一个人身体上存在的微生物，其数量都远远超过全人类的人口总数。每个人身体的里里外外，都处在微生物的重重包围之中，尽管突变为病原微生物的几率极低，但隐患永远存在。况且人类繁殖缓慢，基因变异更慢。在数量庞大的各类微生物物种中，病原微生物的种类虽然为数不多，但是非病原微生物总在不时地转化为侵害人类的病原微生物，病原微生物则又可能因基因突变而增强毒性和感染力。当代出现的艾滋病毒，"非典"病毒（SARS），埃博拉等新病毒，不断形成具有超强耐药性的淋病双球菌株，以及还有不时产生耐药性的多种致病菌株……，无不都在证明这样一个事实：这就是如果过高估计生物医学成就的力量，**因而忽略或放弃依靠人类独有的社会生态抗病优势，也就是无视包括传统性道德在内的一切社会人文抗病力量，人类在与微生物的生存竞争中，将完全处于十分被动的劣势。**实际上这种灾难性的情况早已出现，令人忧虑的只是极少有人注意，更无人重视，甚至对此完全缺乏应有警惕。仅仅一种艾滋病，就已经长时间把人类搅得手足无措和疲于奔命，而传统性道德却可以让我们以极低代价，沉着镇定地有效控制艾滋病流行。当盲目乐观的世界卫生组织，轻率地以为制止艾滋病流行已经接近尾声，因而提出"零感染"的同时，南非的艾滋病毒感染人数却已经继续增多到超过 700 万。

善良的人们永远难于想象，今天世界上会有人在国家实验室里，利用基因技术制造消灭人类的病毒。《突发病毒：艾滋病与埃博拉病》一书揭露，曾经与法国学者蒙泰尼埃教授争夺艾滋病毒发现权的美国逆转录病毒学家加洛，极有可能就是艾滋病毒的研制者。当他被该书作者伦纳德·霍洛威茨博士问及艾滋病毒有可能来自实验室时，竟然直言不讳地说："我当然相信我们美国人需要研究细菌战……最低限度我们为防御目的也需要它。这当然是我的哲学……这是我理性的想法。"霍洛威茨曾查阅到大量加洛研制致病逆转录病毒的学术论文，因而高度怀疑他是艾滋病毒的制造者。时至今日，已经有越来越多的证据表明，艾滋病毒确实是加洛作的孽。（伦纳德·霍洛威茨《突发病毒：艾滋病与埃博拉病》，国际文化出版公司，1999 年，北京）

"自作孽，不可活。"智慧的被滥用，使得人类与微生物之间的生存竞争变得更加复杂化。如果人类再不醒悟，最终消灭人类的将是人类自己。

因现代科学技术进展而狂妄自大的现代人类，不知敬畏天命，也就是不懂得敬畏大自然的规律；更不懂得尊重和珍惜传统文化的精粹，完全忘却了人类是怎样从充满艰险的洪荒世界中，依靠祖先以理性行为对非理性原始本能的不懈克制，方得以从野蛮愚昧向文明理智一步步迈进的艰苦卓绝历史，以至忘乎所以，把动物非理性的原始生殖本能当作"人性"，任凭自己的原始野性发作，愚蠢地为满足非分的性愉悦而放纵原始生殖性本能欲望，强行割裂不容分离性与生殖生理过程，把性愉悦视为可供无功受禄的享乐活动，违背自然规律，逆反"天理"，以至人欲横流，情色泛滥，性病艾滋病严重流行。结果是犯了"厚德载物"大忌，德不配位，怎么可能不遭受灾殃？

由于《金赛报告》的诱惑与教唆引发的现代性愚昧，西方社会开始否定和抛弃基督教的传统性道德。在不足半个世纪的时间内，造成了严重的世界性淫乱，促使新的性病病原体和新的耐药菌株不断产生。千百年来，长期折磨人类的淋病、梅毒、软下疳、性病淋巴肉芽肿等古老经典性病尚在肆虐，衣原体感染、支原体感染、尖锐湿疣、生殖器疱疹等新的性病又接踵而至，其治愈难度则远比经典性病更大，而尖锐湿疣和生殖器疱疹等病毒性性病基本上是难于彻底治愈的。

最不可思议，也是最应令世人警醒的事件，则是人类失去

理性的性自由淫乱狂欢，正在促使性病病原体的种类日趋增多，并形成迅速壮大的军团。就在这种情境下，艾滋病毒无声无息悄然形成，并且已经成为这一严重威胁人类健康和生存的性病病原体军团之王。

在性自由生活方式下的性病病原体军团，对人类究竟有多大杀伤力？最恰当不过的，是以性自由发源地美国为例：作为西方世界艾滋病流行最早和最严重的国家，艾滋病疫情虽有所稳定，但其他性病患病人数却继续逐年增长。据美国疾控中心2015年公布的资料，当年全国有1.1亿例现症性病患者，每年还将增加2,000万新病例。对于一个总人口3亿的美国来说，三分之一以上的人口患有性病，而且每年还以2000万例的速度递增；而2000年美国的现症性病患者为7,000万例，每年新增加1,500万例。**按此流行趋势和流行速度，再要不了多少年，美国基本上就会成为一个"全民性病"国家。《金赛报告》的性自由温汤，已经把美国青蛙煮成这副模样。**

眼前的事实已经充分证明，受到"安全性行为"教育，从小学时代就学会使用避孕套进行"安全性行为"的美国人，在性病病原体军团的强大攻势面前，非但没有得到有效保护，更是节节败退，越来越多的不幸者正在被无情地征服和吞噬。美国虽然有着世界顶级的高科技生物医学预防措施，也不缺乏高质量的避孕套。但是在现行的生物医学预防措施下，3亿人口中有1.1亿例现症性病人，而且每年继续以2千万以上的数量激增，这表明美国若是继续完全依赖单纯的现代预防医学，以摆脱性病的灭顶之灾已然绝无可能。除了上帝，除了基督教的传统性道德，还有谁能拯救美国人？

美国极为现实的性病严重流行危机表明，人类力图依靠生物医学遏制性病流行已经完全不存在可能性。唯一的出路，就是恢复传统性道德。

就现代生物医学而言，总是在不知不觉中先出现新的性病病原微生物，再发现由这种病原体引起的性传播疾病，然后进行病原体的分离、培养，提取抗原，研制诊断试剂，寻找治疗特效药，试制疫苗。似乎有了这一系列生物医学措施，就一定能战胜一切性病。尽管屡屡失败，然而不从根本上汲取教训。人类免疫系统的基因，继承的是脊椎动物与病原微生物在数亿年的生存竞争过程中，缓慢形成和积累起来的抗病能力。对于人类免疫系统来说，与数亿年来的动物一样，总是新的病原体，产生了新的抗原，而免疫系统只能在抵御传染病的历史基因库里，竭尽全力搜索并动员曾经有效的细胞免疫和体液免疫抗病机制，以对抗新的传染病。新的免疫抗病机制，只可能在偶尔发生基因突变的幸运个体中形成，然后经过很多代的繁衍才成为种群的抗病能力。由此可见，免疫系统的进化极为缓慢，人类因性病而造成的牺牲很大，处于被动地位的免疫能力，永远不可能赶上病原微生物的变异。相对于新病原体的形成速度来说，现有免疫系统的功能实在是极为有限的。对流行了几千年的淋病尚且产生不了有效抗体，对在全球流行了 500 年以上的梅毒同样也产生不了有效抗体，又何况其他新的性病？当遇到可以无限制地产生基因变异的艾滋病毒时，人类基因库里绝对进化过程中不曾有过的类似抗病基因程序，于是必然败下阵来。老的性病难题尚未得到解决，新的性病麻烦不断涌现，从当今性病流行现状来看，人类只可能在性病的无底漩涡中越转越深。先有性病，后有特效药和疫苗；先有抗原，后有抗体；病原微生物积极主动进攻，人类被迫消极防守，研制疫苗又不一定能成功，结果形成一个无法逆转的恶性循环，一种不可改变的绝望趋势。由此可见，不但生物医学，而且人体免疫系统，在与性病抗争的过程中，自然科学的生物医学和自然生态下的人体免疫系统，总是处于滞后状态，永远摆脱不了消极被动局面。这就证明，在与性病病原微生物的生存竞争中，如果仅仅依靠自然科学的生物医学和自然生态的人体免疫系统，人类就难于摆脱劣势地位。**要彻底改变这一状况，唯一的出路就是重视社会生态下的社会抗病机制，这就是已经沿用了成千上万年的祖先智慧——传统性道德，对非理性不健康行为进行严格社会约束的机制。**因为性道德有着可以超越时空，抵御任何性病的强大力量，不论是历史的，当代的，或未来的；也无论是细菌的，病毒的，或其他病原体的。**应该，而且必须认识到，人类在与性病病原微生物之间的生存竞争中，唯有性道德才能够使人类彻底变被动为主动，因而是可以赢得胜利的唯一生存竞争优势。**《金赛报告》问世后半个世纪的现实，已经完全否定了人类对生物医学成就的过高估计和盲目自信，仅仅一种艾滋病，就不得不为此付出包括数千万生命在内的沉重代价；艾滋病流行作为惨痛的历史教训，也极为严肃地告诫人类，切忌因人欲横流而丧失理性，放纵原始本能必然带来灾祸。

这样说并非不要发展现代生物医学，绝对不是。而是必须敬畏天命，敬畏祖先留下的精神文明历史遗产，谦卑谨慎，不要妄自尊大，自以为现代科技已经使人类成为世界的主宰，可以人定胜天。须知人类不仅胜不了天，连微不足道的微生物也不是想象中那样轻易能战胜的，性病就是一个例子。

性自由毁弃传统性道德，破坏了一夫一妻互相忠诚，放纵婚外性行为；放纵了婚前性行为和任何形式的非婚姻性行为，致使性乱盛行。其直接的生物学后果是严重破坏了生殖道微生物生态平衡，特别是女性阴道的微生物生态平衡，而这一平衡只有依靠传统性道德才能维持。造成当前全球性病流行越来越猖獗的原因就在于此。事实已经证明，现代生物医学不但没有可能遏止性病流行，而且只可能使性病种类越来越多，越来越难于治愈。无视自然规律，无视传统文化，放纵非分人欲，妄自尊大，盲目迷信和过度依赖现代生物医学，就成为"灭天理而穷人欲者也"。这就是我们祖先，商代太甲说的"天作孽，犹可违；自作孽，不可活"的现代写照。如果艾滋病毒是经由自然变异形成的致命病原体，威胁着人类健康和生命，这应是"天作孽"造成的自然灾害。人类不能听天由命，而应违逆天命抵御艾滋病，"犹可违"是与微生物生存竞争的需要。**洁身自爱遵守性道德是个人和社会最好的预防措施，如果受性自由蛊惑，违背性道德参与性乱，感染上艾滋病毒，就成了"自作孽，不**

可活"。

由此可见，当今现代生物医学再先进，也已经无力回天，没有可能遏制性病的流行，唯有传统性道德才能帮助人类最终摆脱性病流行的灾难。

无源之水的性社会学

——缺乏自然科学根基的性社会科学

人是什么？生命是什么？性是什么？社会是什么？性与生命有什么关系？性与社会又有什么关系？

人是地球上的生命。生命是物质运动形成的生命物质，生命物质的存在形式是生物，人类是生物进化产生的物种之一。性是有性繁殖动物的生殖，生物在生存中进化和增殖，通过世代交替无限传承。社会是人类生存活动的组织形式，营社会生活属于人类的生物学性状。性的本质是生殖，生殖决定生命物质的复制增殖，生殖与生命传承有着不容分割的关系。作为社会成员的人，是社会存在的基础，生殖保证了社会成员的生生不息，保证了社会的存在和发展；社会负有保护社会成员合法、正常生殖活动的有序、安全和健康的责任。**其实性是不可能与生殖分离的完整生理过程，只要把当今"性"的概念替换成"生殖"，就有可能领悟人类究竟应该怎样以遵循自然规律的科学态度，来认识和对待性与生殖被人为强行分离后造成的全球性淫乱现状。**

天人合一，人生存于地球上，地球存在于宇宙中。宇宙中一切物质运动都遵循自然规律。人是大自然的产物，社会是人的产物，人的行为和社会的运转同样都必须遵循自然规律，而不是凭人的主观意志。

古人在说"食、色，性也"的时候，"性"并非近代与生殖有关的两性的"性"，不是指与男女两性或性行为的"性"，不是指性欲，也无性行为的含义。中国古代的"性"是属性、性质、天性、本性之谓。例如："性善"、"性恶"、"秉性"……

"食、色，性也"和"饮食男女，人之大欲存也"，意思是"食"和"色"是人的天性，本性；"食欲"和"色欲"是人类最基本的重大欲望。所以古代的"色欲"才是今天的性欲。相传北宋佛印和尚、苏东坡、王安石和宋神宗，在大相国寺就"酒色财气"为题赋诗，宋神宗有"色育生灵重纲常"之句，意谓色欲能生育繁衍生灵重在维系三纲五常，表明色欲的本质是维持生命生生不息的生殖欲望。可见中国古代的色欲，也即当今的性欲，其本质是生殖欲望。迟至 1923 年（民国十二年）8 月出版的《教育杂志》（性教育专号），还存在"色欲"和"性欲"两个名词同时应用的情况。

由于古代的"性"并不是近代作为生殖本能的性本能，因此"性命"一词并不等于有了性本能就有了生命的全部，而是指具备全部天性或本性的完整生命。食欲和色欲尽管是生命最重要最核心的天性，然而并非全部天性。

以"性"替代"色"，"色欲"就成为"性欲"，并产生一个"性与生殖"的术语，从而使"生殖器官"又有了"性器官"的称谓。**按"食、色，性也"，色欲是生殖本能的欲求，也即生殖欲，根本不存在可以与生殖活动割裂的性欲一说。可是"性**

与生殖"这一因含混不清而模棱两可的错误概念，却给人以一种错觉，造成了性与生殖似乎是两个独立生理过程的假象。这就为性与生殖分离提供了学术依据，并因此成为一股无源之水，一门本不该存在的"性社会学"。

由于性器官的生理功能是生殖后代，因此性器官是生殖器官，性欲是生殖欲。生存于自然生态下的哺乳动物，包括早期原始人类，生殖欲与完整的生殖生理过程，包括受原始生殖本能驱使产生性欲（生殖欲）冲动，求偶行为、妊娠、分娩、哺乳、抚育是不容分离的。人类凭什么理由，可以通过把生殖欲称为性欲，撕裂完整的生殖生理过程，将"性"与"生殖"并列，并由此派生出一门无源之水的"性社会学"？**须知，性器官是生殖器官，"性"行为是"生殖"行为，因此"性社会学"理应是"生殖社会学"。**然而要是真有"生殖社会学"，那么从因名称不同而各自所应包含的学术内容来考虑，性与生殖已经被人为撕裂，因而成为无法等同的两门学科。这就表明，人为的性与生殖分离是违背自然规律的，并且已经因此造成了不应有的学术混乱，并进一步恶化为社会的性行为混乱。

性观念的实质是生殖观念。因此性道德的实质是生殖道德。古代的"色"演化为现代的"性"，导致现代"性观念"一词的出现。在性与生殖分离的错误意识误导下，形成了错误的性观念。使原本是同一种人体器官系统，有了性器官和生殖器官两个不同的名称，搅乱和误导了社会大众的思想观念，形成并加剧了性与生殖分离的错误倾向。错误的社会观念，必然引发非理性的错误行为，致使把追求违反自然规律的性愉悦，也即非分的人欲，当成合理的欲望。于是近代学术界大行其非，出现了对"存天理，灭人欲"和"万恶淫为首"的大批判，加剧了性与生殖分离的色情淫乱行为。**因此真正的"性观念转变"，应该是变"性观念"为"生殖观念"，正本清源，这就使性道德成为名副其实的生殖道德，从而为传统性道德正名。因为性道德古来就是稳定婚姻家庭，维护生殖繁衍安全，保证中华民族千秋万代繁荣昌盛的生殖道德。**

由于所谓的性社会学研究的主要内容，实质上是以承认和主张性与生殖分离作为学科存在的基础。为人类满足非分人欲，追求既与生殖生理过程分离，又不承担生育与抚养后代责任的性愉悦，逾越人体器官的正常生理功能，把生殖生理过程中经自然选择机制形成的承前启后激励因素，一种由生理心理反应产生的性愉悦，从完整的生殖行为中分离出来，作为非分享乐之用服务。这就完全违背了生命生存进化的自然规律，成为破坏人类正常自然生理过程的滥用生殖器官，追求非分性愉悦人欲满足的非理性行为。结果必然招致一系列基本上都属于违反千万年来人类文明进步形成的合理社会行为规范，对合乎天理人伦的传统婚姻与家庭习俗、伦理、道德、法律造成种种严重破坏性社会后果。

出于性社会学缺乏自然科学基础，违背自然规律，存在先天的致命学术缺陷，没有可能从人类生殖生理和生育抚养后代履行生命传承使命的自然规律出发，去认识性与生殖分离造成的危害。与之相反，却从违背自然规律，追求非分性愉悦的人欲出发，完全凭主观臆断，在争取"人权"的"性革命"、解放"人性"的"性解放"等反传统道德的口号下，竭力为因追求非分性愉悦而违背自然规律的性与生殖分离行为，寻找毫无科学法理根据的合理化理由，并以此为追求非分性行为作辩解，诋毁和摒弃传统性道德，甚至影响到法律的修改，袒护和包庇涉性的违法犯罪行为。**人类生殖文明历经数十万年社会实践试误的筛选，有多少祖先为此承受数不清的挫折磨难，甚至流尽血泪，才缓慢形成的传统性道德，来之不易，弥足珍贵。人类正是依托着这份极为珍贵的传统文化，方得以生生不息，子孙万代，人丁兴旺，繁荣昌盛地一步步发展到今天的文明社会。**

传统性道德一旦被毁弃，百万年前早已失去发情期的人类，也就在性行为上失去社会行为规范的约束。人类遗传基因程序中，继承自数亿年前脊椎动物原始生殖基因，必然顽强地进行自然表达。于是性自由人群的生殖行为"返璞归真"，变得既不如自然生态下有发情期的哺乳动物，更不如早期社会生态下有性禁忌的晚期原始人类，而成为一群徒有现代人外形的原始脊椎动物。性社会学的"性革命"、"性解放"，实质就是如此野蛮恐怖的"回归自然"。人类历史上从来没有出现过，比自诩代表时代文明新潮流的性自由生活方式更加保守的返祖倒退先例，其严重程度竟至于用返古复旧一类词汇都显得苍白无力，而是倒退回数亿年前地球上刚出现低级脊椎动物的洪荒时代，性革命鼓吹者企图使人类向低级脊椎动物回归退化。

　　性社会学违背天理人伦的倒行逆施，从默认、认可，到公然支持、提倡、纵容，甚至教唆、煽动性与生殖分离的伦常乖舛行为，对自然选择机制形成的人类生殖生理过程进行人为破坏，造成与自然规律背道而驰的恶果，制造出更多由性与生殖分离引发的社会矛盾，加剧人类原始性本能对婚姻和家庭文明的反抗与破坏，引发破坏社会发展和稳定的普遍性家庭解体，危及健康和生命的性病艾滋病全球性流行，对人类生殖健康和社会和谐稳定正在形成越来越严重的重大灾难。

传统性道德的重大现实意义

——弘扬中华优秀传统文化正当其时

高度肯定并重视传统性道德和建立在这一基础上的一夫一妻婚姻制度，是近代人类婚姻文明划时代的重大进步，体现了两性关系正在进一步朝着符合自然规律的方向健康发展。因而绝不是什么向封建主义倒退的迂腐保守；也不是什么违背"人性"，束缚两性的"性禁锢"；更谈不上是侵犯"人权"，剥夺两性的"性权利"。对此可以断言绝对不是的原因，在于结论都不应出自性社会学家主观杜撰，想当然的社会学"理论"，而是必须来自自然科学，也即生命科学对传统性道德追根溯源的探索，目的在于发现其自然科学本质。找到了自然科学依据，也就有了是非和真假的客观判断标准。

传统性道德和婚姻制度是与时俱进的，循着自然规律，随着社会文明进步，一个阶段、一个阶段向前发展。各个时代的婚姻制度都存在时代特征，都有不同的形态，绝不是经历了封建社会，就成了封建统治阶级莫名其妙地强加于老百姓的性约束，更不是封建主义性禁锢。封建统治阶级，包括最高统治者帝王在内，三宫六院七十二嫔妃也好；官僚士大夫，地主商贾妻妾成群也罢，可以说统治阶级享有极为充分的"性权利"，但也并非绝对的"性自由"，不仅不能丧失伦常，乱伦也在禁止之列，甚至连婚姻自由也没有。而是必须像老百姓一样被迫服从父母的包办婚姻。无论中外一律如此。对老百姓实行"性禁锢"，难道还能禁锢到自己头上？

传统性道德的历史成因，有着极为丰富和深刻的自然科学内涵。如果原始人类在发情期消失的过程中，没有能形成性禁忌并逐步发展为古代性道德，人类祖先不是继续滞留在猿类阶段，就是因无法解决这一进化矛盾而灭绝。由于发情期消失造成的进化矛盾至今依然如故，对于当今人类也仍将无限期持续存在。**因此传统性道德不但在历史上曾经保护过人类的健康繁衍和生存进化，今天也仍然发挥着这一重要功能，而且还必将长期保持下去。**由于自然科学的迅速发展，人类改造环境以适应自身的能力大为增强，自以为已经无所不能的人类，妄自尊大的现代社会，由于既不懂得敬畏天命，又不知道珍惜和尊重优秀传统文化，不了解优秀传统文化有着深刻的自然科学内涵，因而对现实生活有着不可低估的重大意义。

至于私有制封建男权社会，如果不实行门当户对的包办婚姻，就不能保持男性的继承权和和财富，以及社会地位。表面上看这是社会问题，实质上却仍然是自然科学问题。母系氏族社会，生产力低下，男性骨骼粗壮，肌肉结实，身强力壮，智力也不低于女性，但是必须处于屈从地位，发挥不了优势，掌握不了财权，生产力难于发展。人类文明先后进入私有制的男权奴隶社会和封建社会。从此男性掌了财权，发展了生产力，积累了财富，社会才可能开始有人从事脑力劳动，进行文化活动，创造精神文明。男女性别差异是由生命科学的自然规律决定的。

自以为已经成为大自然主宰的当今人类，目空一切，以至目无自然规律。用所谓的反传统行为逆时代文明潮流而动，叛逆人类历史文明，无端否定优秀传统文化。究其根源，就在于生于安乐中的人们，浑浑噩噩，沉湎在自我陶醉之中。他们受各种贪得无厌的原始欲望驱使，人欲横流，欲海难填，丝毫不知节制地追求非分的欲望满足。其中最为突出的表现，便是不加克制地追求最具诱惑力，却又永远满足不了的性愉悦。"人化物也者，灭天理而穷人欲者也。于是有悖逆诈伪之心，有淫泆作乱之事。"因此就有了依靠伪科学作理论根据的"性革命"。性革命者们用"解放人性"的口号，蛊惑天下苍生自己起来"性解放"；以"争取人权"的口号，煽动芸芸众生盲目追求子虚乌有的"性权利"。放纵原始生殖欲望，对追求性愉悦趋之若鹜，数以亿计受《金赛报告》戏弄的现代性愚昧者，汇聚成一股反传统的汹涌逆流，本能地群起毁弃传统性道德，熙熙攘攘，争先恐后，蜂拥而上，纷纷卷入纵欲无度的性自由生活方式黑色漩涡，引发了史无前例的天下淫欲大乱。

发情期消失过程中出现的进化矛盾，原始人类是依靠性禁忌克服的。原始生殖本能的遗传基因结构高度稳定，表现在男性的性主动性和侵犯性，以及多配偶本能上尤为突出，说明这一进化矛盾至今依旧存在，传统性道德也必将因此长期存在下去。

人类进化是一个漫长的过程，发情期完全消失的时间究竟已经有多久，目前并不知道，但是消失的过程至少曾持续数十万年，甚至更长，性禁忌就在发情期消失的同时缓慢形成，并且随着社会文明进步逐渐发展为性道德。传统性道德同样在发展进步，与时俱进，但是有继承性，其核心内容不可能失去，只要相关的遗传基因不变，传统性道德仍将继续传承下去。

当性自由狂潮气势汹汹，不可一世，是非颠倒，真伪莫辨，受蒙蔽者众多时，中国仍然不乏有人为维护传统性道德作出不懈努力。**坚信中华民族传统文化是祖先留给后代的宝库，精神文明瑰宝的聚宝盆。性道德作为一种传统文化，数千年来，之所以能为炎黄子孙世世代代持之以恒地遵守，彰显出庇护我们民族生生不息的强大生命力，必定有其形成和存在的自然科学原因，而绝不是简单的"约定俗成"可以解释，也不会为"封建性禁锢"所否定，更不可能被"性革命"所毁弃。人类是生命，是生物，传统性道德一定与人类的生存进化和社会文明进步有着生死攸关的内在联系，必定是自然规律在人类生存活动中的体现。**然而近代从未对传统性道德的成因、历史价值和现实意义，进行过自然科学的探索，致使传统性道德成为被历史掩埋了的瑰宝。

当探宝者一旦把瑰宝挖掘出来，顿时金光闪闪，光灿夺目，才发现传统性道德原来是夜明珠，也是照妖镜。传统性道德在黑暗的性革命阴影中光芒四射，使《金赛报告》反文明、反社会、反进化、反人类的原形毕露。喧嚣鼓噪一时，被奉为性学经典的《金赛报告》，只不过是欺世之谈的伪科学淫书；"性解放"解放的并非"人性"，而是自然人的蛮荒野性；文明人类从未有过，并且也完全不可能享有"性自由"；至于"性权利"，更是一个违反自然规律虚构的伪命题。归根结底，"性革命"是一场使人类历史倒退的，史无前例的重大灾祸。

"格物致知"，古来就是一个难解的命题。在不可能产生现代科学的数千年前，显然无法破解，但是能够提出"格物，致知，诚意，正心，修身，齐家，治国，平天下"已然显示出先贤往圣的无比睿智。他们在对世界万事万物的细致观察和缜密思辨中，深信世界是物质的，人生必须从认识物质世界开始，方能一步步学习和掌握为人处世的道理。"天人合一"，大自然是物质的，人也是物质的，人世间一切现象都是遵循"天理"的物质运动。任何社会现象，无论怎样纷纭繁杂、千头万绪和盘根错节，都能够最终找到符合自然规律的道理。然而没有现代科学，仅凭形而上的内心思辨，虽殚精竭虑，冥思苦想，亦无法穷究其理。唯有通过研究物质运动的途径，探索和揭露事物的自然科学本质，无论有多大难度，终究能够找到符合自然规律的答案。《礼记·大学》的"格物致知"启发和唤醒了我们朦胧中的后代，这一千年难解之谜，至此疑团顿释，往圣绝学得以为继。

应该意识到，对社会科学和自然科学紧密结合，社会科学必须建立在自然科学基础之上的认识，是诠释"天人合一"的必然结论。因为社会是人类活动的产物，人类本身则是自然规律的产物，人类的生存活动必须在符合自然规律的条件下，生存进化才能继续，社会文明进步才得以持续。为此人类永远在经历着一个漫长而又复杂的试误探索过程，这就决定了人类进化和社会发展，最终都必然遵循自然规律。

但是对"天人合一"的诠释，决不意味着与社会达尔文主义有什么瓜葛。社会达尔文主义通常是一个相当含混的概念，原因在于人类并不清楚自己的"人性"是怎样由"兽性"进化而来的机制。实际上人类社会活动中确实存在着自发的社会达尔文现象，但这是现象而不是主义。从"兽性"到"人性"是漫长的生物进化过程，也是从野蛮到文明的漫长社会文明进步过程。人类至今还存在着动物性，也就是野兽的"兽性"。例如男人在性行为上表现出的主动性和侵犯性，以及多配偶行为倾向；强奸、性骚扰；违反性道德的性自由生活方式，都属于动物的"兽性"。至于古代游牧民族对农耕民族的财富掠夺；近代为掠夺财富和领土而进行的侵略战争；18世界欧洲殖民者灭绝美洲印第安人的种族大屠杀；没有章法，不择手段，尔虞我诈的市场竞争；更是属于动物弱肉强食的"兽性"。人类出现上述行为的原因完全出于"兽性"本能，都应属于自发的社会达尔文现象。因为人类的远祖是有着多少亿年历史的野兽，成为当今人类的先祖是四百万年前的猿类，也还是野兽；人类祖先是经历了二、三百万年之久的原始野蛮人，进入文明启蒙时代也就一、二万年时间，有文字记载的历史更仅有数千年。**应该意识到人类至今还只是处于亚文明状态的半文明人，距离真正的文明人还有着漫长的路途，必须毫不松懈地努力朝着文明的方向迈进，如果把自己的文明程度估计得过高，就会延缓迈向高**

级文明的进程。

只有误解滥用，或者有意识地歪曲进化论，将达尔文进化论用于种族歧视，视有色人种为劣等民族；把底层穷苦百姓看作天生贱民，要用优生学手段剥夺他们的生存权利；或者把弱肉强食视若天经地义的人类社会生存法则等，诸如此类的思维和行为，才是社会达尔文主义。而社会达尔文主义恰恰违背了达尔文进化论，因为把动物弱肉强食的生存竞争固定为人类的生存法则，就会使人类永远停留在半文明状态，再也不能继续向高一阶段的文明迈进一步。

有了对传统性道德进行自然科学诠释的成功尝试，从传统文化的聚宝盆中找到了夜明珠，照妖镜，就有可能进而扩大到对传统文化进行整体的自然科学探索。打开中华传统文化的聚宝盆，从中找到更多的璀璨瑰宝，取得更多的丰富成果，以建立传统文化和自然科学相结合的现代人文学科，并在此基础上确立我们民族现代的科学意识形态，阐明科学的世界观，人性观和人权观，进而建立起相应的现代道德和法律体系，我们就可以结束近代并非科学的西方意识形态霸权，中华民族也将从此跃登人类道德的时代制高点。然而中华民族的传统文化的精粹是仁爱，和谐，世界大同，而决非霸权。"桃李无言，下自成蹊"，我们绝对不会把自己的文化和意识形态强加于人。

"大道至简"。传统性道德的深邃哲理内涵，人伦源自天理，均在于其自然科学本质。发情期消失，人类为克服性愉悦与生殖分离引发的进化矛盾，必须确立严格的性道德，以顺应人类

生存繁衍的自然规律，这是社会文明进步必不可少的需要。表现为"人欲"与"天理"冲突的人类进化矛盾，远不止于性，而是大量存在于人类行为中的普遍现象。我们中华民族祖先，对"人欲"引发的诸多社会问题，数千年来从未停止过思考和探索，发现了"人欲"和"天理"的深刻内在联系。在驱使人类不断进取创新的人欲必须得到肯定的同时，认识了非分"人欲"作为消极面的巨大危害。提出以"天理"克制"人欲"的原则，并由此产生和积累了丰富的先贤往圣绝学，我们中华民族传统文化的传世瑰宝。例如：商代太甲的"天作孽，犹可违；自作孽，不可活"，《礼记》的"人化物也者，灭天理而穷人欲者也。于是有悖逆诈伪之心，有淫泆作乱之事"，《礼记·大学》"格物致知"，和《道德经》"人法地，地法天，天法道，道法自然"，《易经》"天行健，君子以自强不息；地势坤，君子以厚德载物"，以及后世"存天理，灭人欲"和"万恶淫为首"等古代哲理。经过现代自然科学的诠释，终于令我们明白，正是先贤往圣在他们的生活实践中，缜密观察世间万物和人间万事，用智慧的思辨探索天理人伦，创造出遵循自然规律的古代传统文化，引领着我们的先辈用理性行为克服原始野蛮本性，使子孙后代得以顺应自然规律，从茹毛饮血的蛮荒时代，一步步走向文明社会。

敬畏天命，敬重先贤往圣，继承和弘扬中华民族传统文化，在当今人类貌似聪明，实为愚昧，却自以为是的大朦胧时代尤其显得重要，而其现实意义也正在于此。

第二部分　发人深省的《金赛报告》和性革命

发人深省的《金赛报告》和性革命
——美国的现代文化和伪性科学

【摘要】《金赛报告》的致命要害是学术作假。与《金赛：罪行与后果》的书名一致，本书第四版是美国学者朱迪丝 A. 雷斯曼（Judith Ann Reisman）博士，以高度社会责任感和严谨求实态度，对金赛和其团队，以及《金赛报告》的研究资料获取、数据处理、内容编撰、学术审查、出版过程，还有出版后对社会造成的多方面后果，进行长达 40 多年的潜心研究和缜密调查，通过翔实的数据考证和确切的事实分析，然后作出的负责任评述。书中的每一个数据或事例，都有确切的文献出处，因而可信度很高。**从书中可以得出这样的结论：金赛其人，具有明显的偏执型人格特征，而且是一个有着非常态性行为癖好的性心理变态者。《金赛报告》是建立在虚假数据和性心理变态理念基础上的，毫无科学价值可言的伪科学作品。**金赛以己度人，推己及彼，执意用明知故犯的不科学手段编撰《金赛报告》，意欲将自己的变态心理和非常态性行为强加于世人。由于有着"科学学术成果"外衣，《金赛报告》迎合了人类非理性的原始性本能，因而具有极大的公众诱惑力，很容易迷惑学术界和突破传统道德防线，并迅速为世俗社会所接受，以致成为宣扬现代性愚昧，合法教唆色情和煽动性乱的伪科学淫书极品。金赛否定性道德和婚姻法律的罪恶意念，编撰《金赛报告》过程中的作伪欺诈和儿童性侵犯罪行，实质上反映了人类在文明进步过程中，原始野蛮对现代文明的非理性反抗，因而极为严重地破坏了传统性文明，造成史无前例的灾难性社会后果。

【关键词】雷斯曼；金赛：罪行与后果

Thought-provoking \<Kinsey Report\> and sexual revolution
——after read < KINSEY: CRIMES & CONSEQUENCES>

Zhu Qi

【Abstract】The fatal key of the <Kinsey report> lies in academic fraud. Just like the meaning of the title of < Kinsey: Crimes and Consequences >, the fourth edition of this book was written by the American scholar Dr. Judith Ann Reisman, who studied Kinsey and his team, and explored the sexual research data acquisition, data processing, content editing, academic review and publishing process of "Kinsey Report", and as well as the multifaceted social consequences after the publication, with a high sense of social responsibility and rigorous and realistic attitude for as long as 40 years of painstaking research and careful investigation, and through detailed research data and precise analysis of the facts, and then make a responsible commentary. From the book we can draw such a conclusion: Kinsey has obvious paranoid personality characteristics, and is an abnormal sex addiction of psychopaths. The "Kinsey report" is based on false data and abnormal psychological concept, and is no scientific value at all pseudo-scientific works. Kinsey is with his own ideas to measure others, also trying to impose his own behavior on others, insisted on compilation "Kinsey Reports" by unscientific means knowingly, and intended to be his abnormal psychology and abnormal sexual behavior imposed on the world. Because with the "scientific academic achievements" coat, "Kinsey Reports" caters to the need of the human irrational primitive instinct, so the public has a great temptation, and it is easy to confuse academia and break through the traditional moral line of defense, and quickly accepted by secular society, that it has become an advocate of modern sexual ignorance, legally abetting pornography and seditious chaotic pseudo-scientific darkest deeds need. Kinsey negative moral and legal marriage of evil thoughts, practices fraud during the process of compiling the "Kinsey Report" and child sex abuse crimes, essentially reflects the process of human civilization and progress, the irrational resistance of barbarism against modern civilization, therefore extremely seriously undermines the traditional civilization, thus extremely seriously undermined the traditional civilization, and final resulting in an unprecedented disastrous social consequences.

【Key words】Reisman；Kinsey: Crimes & Consequences

（CHINESE JOURNAL OF HUMANSEXUALITY MARCH 2017 Vol.26 No.3）

当代性自由生活方式是美国《金赛报告》的产物。作为 1948 年《人类男性性行为》和 1953 年《人类女性性性行为》两书合称的《金赛报告》，存在着致命的不科学问题。早在报告的原稿审查阶段，权威统计学家，美国统计协会前主席艾伦·沃尔斯（W. Allen Wallis）就指出，《金赛报告》的原始数据资料在抽样方法和样本数量的真实性，以及统计方法上都存在严重错误，审查组曾因此做出不能通过的结论。再如，杰出的人本主义心理学家马斯洛曾参与金赛的性调查。在合作过程中，马斯洛发现金赛选择志愿者作为性行为调查样本时，便指出这种样本会产生畸高的"志愿者误差"，并严谨地设计相关课题进行验证，结果证明金赛是错误的。但是金赛固执己见，拒绝马斯洛的善意劝告，坚持使用错误的方法和数据，最终导致合作破裂。而《金赛报告》就充斥着这类明知故犯的人为畸高数据。

朱迪丝·雷斯曼博士对金赛的一生和《金赛报告》的原始数据，以及金赛研究团队的工作和生活情况，进行了长达 30 多年时间的研究，于 1998 年出版《金赛：罪行与后果》第一版。该书以真实可靠的资料，揭露出性自由始作俑者金赛在他所谓的研究中，用违反统计学原则的选样方法，拼凑样本数量，使用虚假数据，甚至用非法手段对儿童进行性虐待试验。《金赛：罪行与后果》一出版，就由美国而世界，引起了学术界的关注和重视，到2012年已经出第四版。该书是彻底揭露金赛错误最重要的权威著作，从中可以透彻了解金赛，金赛的团队和这个团队的生活、工作情况，以及《金赛报告》的编撰、审稿、出版过程。**其中突出揭露了金赛研究项目的主要资助者洛克菲勒基金会，在金赛研究报告因为严重的统计学错误而不能通过学术审查时，洛克菲勒基金会和国家研究委员会横加干涉，强迫学会违心改变原先作出的金赛统计资料毫无意义的结论，《人类男性性行为》才得以出版。**

尽管美国政府在大财团操控下对学会进行了行政干预，而坚持真理的学者们并未屈服。1954年，美国统计学会 the American Statistical Association）出版一本由考克兰（Cochlan）等四位统计学家，共同撰写了长达338页的《金赛报告的统计学问题：美国统计学会委员会研究委员会就性问题研究对国家研究委员的建议报告》。报告以事实为依据，坚持重申他们在审查金赛《男性卷》时提出的三个关键性错误：

（1）现有的结果必须被视为由选择性样本（通过志愿者等）造成的未知和大量的系统性错误。

（2）"样本人群'与美国白人"男性人口的构成有着惊人的差别。从（金赛的）样本，到（报告的）所有美国白人男性的行为的推论，其间包含着一条巨大的鸿沟，这一鸿沟只能由专家的判断来跨越。

（3）有关性行为的社会和法律态度的"大量实质性讨论"，不是建立在提供证据的基础上的。

这三个致命错误的被揭露，就科学价值而言，宣告了《金赛报告》只是一堆写满荒谬绝伦谎言的废纸。**然而洛克菲勒基金会倚仗金钱和权势，在国家研究委员会支持下，强行把这堆废纸撒向人间，这就令废纸上的谎言顿时化作魔鬼的咒语，连同魔鬼一起从渔夫的铜瓶中释出，致使人类文明遭受一场史无前例的灾殃。**

早在《金赛报告》出版之前，洛克菲勒基金会就以其经济实力，动用大量新闻媒体为该书的发行鸣锣开道。雷斯曼博士还在著作中揭露美国色情行业是怎样借《金赛报告》风行之机大发横财，并迅速形成一个庞大的利益集团，每期发行量超过百万的《花花公子》就是当时的产物之一。色情行业的暴发户随即从资金和舆论上大力支持金赛研究所，并通过新闻媒体，以介绍《金赛报告》学术理念为名，不遗余力地宣扬和推行性自由生活方式，以加速改变美国公众的性观念，促进色情行业的蓬勃发展，从而获取更加丰厚的利润。**雷斯曼博士以高度的社会责任感，全面、深入、透彻地分析和审视了受《金赛报告》影响，美国相关法律被动摇和改变的过程。她用大量篇幅，阐述了有关性与婚姻家庭，性侵犯与性暴力的法律，在《金赛报告》理念逐渐渗入司法部门的过程中，金赛主义者怎样以性自由理念进行欺骗性游说，蛊惑和诱导立法机构作出有利于性自由生活方式的改变。从用金赛理论模糊性行为的正常与异常的**

区别，混淆罪与非罪的界限开始，到提高追究刑事责任门槛，减轻或免除对罪责的惩罚，直至更改法律条款变重罪为轻罪或无罪，甚或撤销有关条款。**相关法律的金赛化，直接加速和扩大了性自由在全美国的泛滥，致使大多数社会成员的性观念和性行为陷于混乱无序状态。其后果之严重，在《金赛报告》出现之前是难于想象，甚至不可思议的。**

金赛年轻时曾是虔诚的基督教徒，因陷入难于解脱的性困惑而开始怀疑宗教性道德。他感受到宗教对性本能追求的约束，并简单地认为是宗教对人性的束缚，社会对性行为的道德评价和干预是违背人性的。

金赛作为一名主攻昆虫学的动物学家，他研究的是低等的节肢动物，且仅限于瘿黄蜂。有鉴于他基本上缺少人类学、历史学、社会学、伦理学和统计学的教育和素养，就研究人类性科学而言，他的知识结构存在严重局限性；尽管他也主修过心理学，然而他对于自己的心理变态却没有丝毫自知力；致命的缺陷，则是他严重欠缺科学研究最需要的谦虚、严谨和诚实态度；再加上主观、专断、偏执的人格缺陷。**这一切决定了他的所谓性学研究，必然只能从自身对性的变态认识、态度和行为出发，以他狭隘的动物学学术根底，去观察和理解社会人类复杂的性行为。他以对进化论的片面理解，视人类等同于低等动物，把动物的性本能行为方式强加于文明社会人类。**为了证明他的错误观点，他竭力引导他的性研究向着符合自己设想的方向进行。从选择研究团队成员时对否定传统性观念的要求，到入伙后刻意进行的性自由调教——实际上的性滥交强化训练，组织起一个践行性乱的团队。金赛故意任用不具备统计学资质的低学历员工，专职从事学术数计工作；使用违反随机抽样原则的选择性取样，有目的地随意改变被试的身份；访谈时以诱导性提问和有选择的记录，凑取并夸大为他所需的数据和资料；设计虚假图表，提出人兽不分，甚至人不如兽的性学理论；直至最后按照他的先验论假设，完成符合他所需要的《金赛报告》。

金赛及其团队成员，甚至用类似审讯的问话方式，像获取审讯口供那样得到大量监狱罪犯，尤其是性罪犯的性史资料；此外还有妓女的陈述，社会福利院智障人员在诱导下作访谈时缺乏可信度的记录；以及招募"志愿者"做样本获取调查资料。**所有这些有意识地人为选取的非常态性行为数据，都被充作常态美国人的性行为资料纳入总体样本进行统计，结果产生了总样本非常态性行为严重畸高的结论。**为了夸大样本数量，金赛竟然能从他历次演讲会上估计的听众数里，随意提取一个数目作为普通人群充数，使他的总样本量超过 10，000 例。由于这个虚数远大于实际调查样本数，却并无相应调查问卷数据进入总样本的计算，不可能起任何稀释作用，《金赛报告》用的仍系原有的畸高统计数据，这就进一步放大了异常性行为具有普遍性的假象。

《金赛报告》所表达的性理念，实际上完全体现了金赛自身的性观念和性行为方式。即金赛本人和他的团队成员在日常生活中，甚至在实验室，以金赛夫妻为中心，男男女女，不论年龄，不分辈分，不论婚姻，必须服从金赛的淫威，互相任意杂交，直至进行同性恋性活动，放肆纵欲，否则就可能被解雇。因此金赛本人和团队成员自己惯常的变态而又混乱的性生活方式，就成为《金赛报告》模本，他们推此及彼，强加给美国社会，作为全体美国人普遍的性行为现状。并且以此为依据通过揣测和臆断，杜撰出诸如同性恋和双性恋在总人口比例中高达92%以上，真正的异性恋仅占6%-8%的荒谬结论。在金赛主持和控制下的这个团队，很自然地会有意识搜集和编造偏离常态性行为的畸高数据。

《金赛报告》畸高的非常态性行为数据，造成了这样的假象：早在1950年代以前，美国社会85%的男性有过婚前性行为，50%的女性在结婚前已经不是处女。69%的男人是妓院的常客，45%曾经通奸，10%–37%在同性恋活动中至少有过一次性高潮体验，17%有过兽奸行为，95%的美国男人违反了足于让他们进入监狱的性犯罪法律。但是所有这些畸高数据，此后均被严谨的学者，其中甚至包括金赛的支持者的相关研究所否定。然而在印第安纳大学和金赛研究所的掩饰和辩护下，学术界还是继续在全世界扩散《金赛报告》的虚假数据和荒谬理论。

金赛用犯罪手段获取儿童的性资料，在隔音实验室里，他至少对317名婴幼儿和男童进行性虐待试验。二战期间，金赛以重要的科学研究为由，为自己和团队成员申请获准延缓兵役。可是50年代，当德国审判波兰犹太人集中营的纳粹军官冯·巴鲁塞克（Von Balluseck）时，该犯供出与金赛的联系，曾为金赛提供对犹太儿童进行性虐待试验的资料。金赛不择手段地从儿童性虐待试验中，得出儿童和成年人之间的性行为，不会对儿童造成任何心理和生理的伤害的结论，以证明恋童癖是正常行为，只要取得儿童同意，就不存在对儿童的性虐待和性侵犯，也无所谓乱伦。然而有事实证明，金赛本人就有恋童癖行为。当金赛的这一罪行被确凿的证据揭露后，印第安纳大学和金赛研究所不仅不能正视问题，反而掩饰事实，百般为金赛辩护。

通过书中揭露的事实，我们可以清晰发现，金赛主义性革命，首先是金赛从其自身的病态性心理和变态性行为出发，违背科学原则，选择异常性行为样本，凑取和编造畸高的非常态数据；然后按自己的意图解释这些虚假数据，并据此得出完全符合自己预设的结论，把金赛本人和团队非常态的性观念和性行为科学化、理论化，使《金赛报告》披上合理化的科学外衣；然后用这种"科学理论"误导整个美国社会，影响美国人的性观念，改变美国人的性行为，从而将金赛团队成员的非常态性行为转化为美国人的常态性行为模式；进而随着《金赛报告》的强势向世界扩散，使这种性变态行为由美国而世界，强加于整个人类，最终使性自由成为全人类常态化的主流生活方式。由于整个过程都是在印第安纳大学的"科学家"金赛主持下进行的，有了这件华丽的科学外衣，加上洛克菲勒基金会的力挺，《金赛报告》就此成了"科学发现"。

在这个报告里，金赛发现监狱里的性罪犯和正常人是一样的，他甚至禁不住为罪犯们流泪；人类的性天生是自由的，不应受婚姻和道德限制；人类的绝大多数天生都具有同性恋倾向；成年人对幼儿的性侵害不会造成伤害；乱伦和兽奸都是自然的性行为。虽然是在研究文明人类的性行为，但是金赛对生命和性的理解是违背进化论的，金赛的思维方式是背离文明社会常理的。表现在他本人的性行为上，完全把自己等同于动物，甚至连动物都不如，因而成了一名从心理到行为都与动物融为一体的，动物化了的性学家。他甚至完全没有意识到自己是一个应该受社会行为规范约束的文明人。他用自身的变态心理和眼光去观察和认识包括他自己在内的人类的性行为。这就使他在事实上认为，存在于人类中的任何性行为都仅仅是为了追求和满足性愉悦，一律无关爱情和婚姻，不涉及生育，不存在社会责任，不必论年龄性别，长幼辈分，婚内婚外，也不分嫖娼卖淫、群杂乱交、乱伦、兽奸，还是施虐受虐、恋童癖、露阴癖、同性恋，或者手淫、口交、肛交，都属自然、正常、健康、合理。人类的一切性行为必须是完全自由的，不应作任何道德评价，也不应受到道德和法律的任何约束。这就是《金赛报告》所要表达的性革命理念和最终要达到的目的。

这种人与禽兽无异，无视社会文明进步，罔顾伦理道德和法律，不分正常与反常，混淆健康与病态的混沌思维，产生了世界上最为荒谬和极端有害的现代性愚昧。金赛主义者宣扬的性自由生活方式是一种对生命进化和社会文明进步的亵渎。

实际上《金赛报告》出版以前的美国社会，基督教性道德传统仍然处于主导地位，并无明显改变，但是《金赛报告》严重歪曲真相的畸高数据，却把绝大多数美国男男女女描绘成一群表面上一本正经，背地里都在淫乱的伪君子和假淑女，以致诱导美国社会产生"看了它（指《金赛报告》），你认为人还有什么秘密，还有什么可羞耻之事吗？"的群体性从众心理效应，使许许多多原本理性地约束自己洁身自爱的人，在看了《金赛报告》后觉得既然大家都如此，自己又何必继续受传统观念的严格束缚。他们于是抛弃性道德，为追求性愉悦而放纵性欲。金赛就这样煽起了非理性的性革命，解放了在社会文明约束下的人类原始性本能。受道德规范压制了数千年的人类野性一旦挣脱文明束缚，就如同野兽窜出樊笼。由于恣意纵情滥用性愉悦的兽性行为，被乔装打扮成符合"人性"的性解放，性自由生活方式就此一发不可收拾。尽管公马不与生母交配只是古人观察到的现象，然而受自然选择支配，很多物种的性行为都存在着保护生殖健康和防止近亲交配的自然约束机制。作为由遗传基因决定的先天本能，幼畜不可能发情，成年雄性哺乳动物，即使在性欲旺盛的发情期，也不可能对雌性幼畜进行性侵犯；近代人类学家证实黑猩猩罕见有乱伦行为，因此有理由推断原始人类也不会乱伦。可是金赛却声称乱伦是无害的，因而会让人类堕落得连禽兽都不如。性自由，已经成为名副其实的反文明、反社会、反人类行径。

　　由于美国社会的性道德与基督教密不可分，因此有必要正确认识传统宗教对于人类文明进步的历史意义和现实价值。几乎所有民族的早期文明都是以宗教文化的形式开始和存在的，而且有的一直延续到现代，性道德则是其中极重要的一项。因为无论是以世俗的，哲学的，还是宗教形式存在的传统性道德，其核心内容均为所有历史悠久的文明民族所共有。（实际上，性道德的形成与发展，关系到人类生存进化和社会稳定进步的方方面面，因此是人类社会文明进步不可或缺的一环，不仅为原始人类生存进化所必需，更是现代人类赖于持续生存发展的必要条件。）任何经得住时间考验的宗教，作为一种历史性的文明载体，其教义必定包含着有利于人类生存发展的，具有普遍意义的积极因素，其中也包括性道德，因此性道德的存在实际上与宗教无关。**金赛主义以性自由解放"人性"，用性自由和"人性解放"来否定宗教，实质上却是在否定社会文明进步对原始性本能的道德约束。名为进步，实为倒退，远不只是要使文明的社会人，退化为野蛮的原始人，而是蜕变成连高等灵长类都不如的低等动物。**

《金赛报告》充满了金赛个人的主观臆断和错误观念，以及他根据不科学的研究方法得出的不可能被证实的错误结论。然而这样的谬误在长时间内没有被揭露，没有受到应有的重视，不能被否定和清除，而是相反地被百般宣扬、鼓吹。世界性的盲从，国际性的人云亦云，使之成为存在于当今现实中的，由谎言重复了千遍、万遍后转化成"真理"的典型。金赛的性自由主义已经广泛为当今学术界和社会所接受和传播，甚至受到趋之若鹜般的追捧和实践，以致谬种流传，酿成了性自由生活方式蔓延的全球性灾祸，造成极为严重的社会危害。《金赛报告》

不但误导了美国社会，误导了世界，而且也严重误导了改革开放后的中国。

从《金赛：罪行与后果》的揭露，联系到半个多世纪以来的美国社会，乃至整个受其影响的世界，出现了令人惊诧、困惑和忧虑的社会变化。**我们可以清楚感受到《金赛报告》引发的性革命，不仅摧毁了性道德，改变了美国社会的性观念，促成了性自由生活方式盛行，引发了色情出版物和色情行业泛滥，甚至还严重影响着立法和司法，改变了美国有关性和婚姻家庭的法律。**性自由使美国社会婚前、婚外的各种性行为大量发生，由两性感情纠纷造成的矛盾和冲突激增，以致离婚率上升，结婚率下降，进而造成严重的家庭解体。目前全美国仅剩不足50%的成年人结婚，在短短数十年内健全家庭骤减，单亲家庭、破碎家庭、重组家庭大量增加，严重削弱了美国社会稳定的基础。卷入性自由生活方式的社会成员人数越多，家庭解体越严重，不健全家庭的儿童、青少年失去双亲的共同爱抚养育，不能得到良好的家庭教育。尤其是没有父亲的单亲家庭已经构成不健全家庭的主体，其中又以未成年母亲养育的孩子遭遇更为不幸。成长在这类家庭中的孩子，过早的性行为变得更轻率、活跃、放荡，受到成年人性侵害的儿童也更多，以致少女怀孕和少年母亲持续增加，儿童、青少年罹患性病艾滋病也有增无已。不健全家庭的后代中问题儿童多，青少年逃学、辍学、少女怀孕、吸毒、暴力、性犯罪率高，致使他们很难摆脱代复一代生活在底层社会的困境。

滥用性愉悦的性自由生活方式，激发并放纵了人们贪得无厌的肉欲追求，对性犯罪和性侵害的法律宽松、废弛，性行为的轻率使女性受害者的报案意图降低，从统计数字上掩盖了大量"灰色强奸"一类的性犯罪案件。因此美国社会的性暴力和性犯罪的政府部门统计数字减少只是表面现象。实际上则是大量增多，并且长久地保持着一个高发案率，尤其是对儿童的性侵犯和性虐待，工作场所对女性的性骚扰也是有增无减。

性自由还直接造成灾难性的性病艾滋病世界大流行。美国是西方世界艾滋病流行最早和最严重的国家，目前艾滋病疫情虽然维持着脆弱的稳定，其他性病却仍然有增无减。据美国疾病预防控制中心（CDC）2015 年公布的资料，全国现有 1.1 亿例性传播疾病患者，每年还增加 2000 万性病新病例。在所有发达国家中，美国的性病感染率最高，超过一半的美国人将无法避免在他们一生中的某个时候患上一种性病；每四个少女中至少有一个性病患者；美国每年花在治疗性病上的费用是 160 亿美元。**对于一个总人口 3 亿的美国来说，《金赛报告》仅仅在公共卫生方面，就为美国制造了难于摆脱的灾难。**

美国人从性自由生活方式中究竟获得了什么益处？**事实是性革命的结果并未使美国人的性生活越来越美满，而是无穷无尽的灾难。无度的性滥用，除了加剧性病流行，还促使性功能障碍和性心理障碍增多；性的放纵和性的轻率易得，使人间变得性多爱少，有性无爱，甚至失去爱的能力。没有了忠诚的婚姻，也就没有了持久的爱情。一夜情，换妻，群交，滥交，使**

人变得像动物一样随遇而交；而成人对儿童的性侵害，更使人变得禽兽不如。

半数成年人不结婚，不承担社会赋予的家庭责任；残存的家庭中还有着大量问题百出的不健全家庭，以致直接动摇了社会赖于存在和稳定的基础，从而在实际上严重危害着美国社会的未来发展和国家安全。

金赛的性自由主义已经对美国社会造成如此巨大的危害，然而中国的"性学家"和众多盲目追随者们对此却不以为然，反而乐此不疲，认为《金赛报告》和性自由给中国带来了"人性化"的性权利。有许多中国人，特别是一些自以为是在研究性学的人，都在津津乐道金赛如何杰出，性革命如何"前卫"；《金赛报告》的理论如何科学，如何经典；他们出版著作，刊登文章，发表演讲，都在引用《金赛报告》的数据和观点，但是却没有几个研究性学和从事性教育的人真正读过，或者真正了解《金赛报告》的完整内容；也并不清楚《金赛报告》出版前后，美国社会的性道德观念究竟发生了怎样的剧变，由此又带来了什么样的严重消极社会后果。一方面，由于没有完整的《金赛报告》中译本可供国人阅读；而另一方面，又能有几个中国的"性学家"，更不必说是普通人，有可能去通读和深入探究超过千页的两册英文原著？即使是读过择其所需的两版《金赛报告》中文节译本的人，在知识界恐怕也不多，而在13亿人中更属寥寥无几，因此中国实在没有几个人真正知道《金赛报告》究竟是一本什么样的伪科学著作。至于问世已经20年的《金赛：罪行与后果》一书，在中国从事性学和性教育的群体中也是鲜为人知，所以基本上也就没有人了解金赛究竟有着什么样的反文明、反社会、反人类罪恶。

金赛主义性革命的入侵中国，更是被"性观念开放"一词所中国化。盗用"开放"名义，把"性自由"私货塞进改革开放的大篮子。宣扬性自由的性学家与媒体，至今不敢明目张胆直接使用"性自由"的名词，而是以"性观念开放"之名，行鼓吹性自由之实。由于从未对性与生命进化，性与人类社会文明进步的真谛进行深入研究，因而"性学家"们，完全认识不到放纵原始性本能的性自由，本质上是逆人类进化和社会进步而动的保守倒退。他们不以为愚，反以为智，把西方的现代性愚昧奉为文明进步，竭力美化性自由生活方式，用"性观念转变"否定传统性文明，掩饰对传统性道德的诋毁，里应外合，为金赛性革命敞开中国社会的大门，任由其长驱直入。金赛性革命在"性观念转变"和"性观念开放"的欺诈性口号掩护下，西方的现代性愚昧就成为强势的先进文化，借此他们得以蛊惑国人和青少年抛弃性道德，得以煽动和诱使青少年参与丧失道德的性乱行为，致使大量不谙世事的青少年陷入轻率的婚前性行为泥淖。有多少少女因此怀孕、堕胎，有多少青少年因色情诱惑而荒废学业，陷于性乱、吸毒、暴力、性罪错，或者染上性病，甚至感染艾滋病毒。**所有因受现代性愚昧祸害而丧失美好生活和生命的人们，他们最终都不幸成为鼓吹性自由的"性学家"供奉在"性革命"祭坛上的牺牲。**

　　就最早掀起性革命的美国和欧洲而言，性革命的高潮早已过去，性自由生活方式既习以为常，也使人厌倦。对性解放，性自由的热情因严重的家庭解体和由此引发的大量社会和公共卫生难题，包括性病、艾滋病的严重流行而日渐淡漠、消退。尽管金赛主义的直接获利者仍然在为维护自身既得利益而竭力维护《金赛报告》，然而长期受蒙蔽的美国学术界和广大公众，则已经从性自由带来的灾难中逐渐觉醒过来，开始质疑并认清《金赛报告》及金赛其人的反文明、反社会、反人类本质，进而唾弃那场使整个美国，乃至人类遭殃的性革命。**至于眼下仍然陷于对《金赛报告》和性革命的盲目崇拜和追随造成的灾祸之中的相当数量中国人来说，《金赛：罪行与后果》一书所揭露的美国性自由灾难根源，应该是值得引以为戒的前车之鉴。为此我们必须对这场由"性学家"和某些大众传媒在中国煽起，已经造成重大危害的性革命进行深刻反省。可以相信，有理智的人们终将从现代性愚昧的迷蒙中清醒过来。**

　　探究金赛其人和《金赛报告》，以及金赛主义性革命之所以出现的根源，归根结底在于人类的原始性本能。植根于人类遗传基因的原始性本能，有着根深蒂固的遗传保守性。"食、色，性也。"性欲驱使动物求偶，而主动求偶者总是雄性，这是由自然选择决定的。动物只在发情期才有性欲，求偶、交配完全是为了繁衍后代。动物不知道为什么要求偶，也不知道雌性交配后会怀孕、生育。驱使动物求偶的性欲，是自然选择启动生命传承行为的诱惑和激励；交配时的性愉悦和射精时的性愉悦高

潮是自然选择赋予生命传承的最高奖励，两者都是由自然规律
决定的。没有自然选择形成的激励和奖励机制，无欲不动，无
利不为的动物就不可能完成繁殖使命。自然生态下被动生存的
动物，生存繁衍完全受自然选择支配，不可能违背自然选择，
否则个体和物种会被自然淘汰。社会生态下开始主动生存的人
类，随着社会的文明进步，逐渐懂得了食是为了获取营养，性
是为了繁衍后代，因而生存繁衍的主观能动性逐渐增强，可是
完全不可能超脱自然选择的最终制约。在自然选择支配下，性
和生殖是统一而不可分离的，不存在只是为了获取性愉悦的性
活动。动物的求偶、交配完全受本能和周期性的发情期左右，
原因在于食物来源受季节影响，缺乏食物时是不可能繁殖的。
在发情期，即使是强奸，成年雄性也只可能选择发情的成年雌
性交配。保护生殖健康和保护未成年幼畜的自然选择机制，决
定了雄性不可能侵犯未成年雌性，也不存在性虐待或恋童癖；
自然选择同时还形成了避免和淘汰近亲繁殖的多种机制，有的
物种本能地没有乱伦，有的物种一个种群只有少数，甚至单一
的强悍健壮成年雄性。发情期一旦结束，性欲随即消失，求偶、
交配等性行为也就停止，因此自然选择决定了动物不可能为追
求性愉悦而交配。人类失去发情期同样是自然选择的结果，原
因在于获取和储存食物能力，御寒和保护婴幼儿能力都获得增
强，生殖活动不再受季节变化的影响。失去发情期的人类，进
入青春期，就等于跨进终身发情期，随时可能发情，繁殖能力
大为增强。原因是自然生态下的人类生存条件严峻，甚至险恶，

婴幼儿夭折多，成年人寿命短，多多益善的生育能力是重大的生存优势，自然选择也就因此造就了男性旺盛的性欲和主动性、侵犯性，但也由此引发出许多动物不存在的新问题。随时发情的男性一时性起，既可能强奸当时没有性欲求的女性，又可能强奸未成年女性，甚至幼女，而这种现象在有发情期的动物是不可能出现的。早期原始人类与动物一样，并不知道交配与怀孕生育的关系，只是为追求性愉悦。历经亿万年进化而形成的原始性本能，有着高度稳定的遗传保守性。发情期的动物种群，雄性为争夺雌性而进行的角逐极为激烈、残酷，往往拼个你死我活。原始的性本能是非理性的，开始失去发情期的原始人类，成年男子随时发情，随时引发夺偶争斗，部落因此时刻不得安宁。如果不能用社会约束来制止极为强烈的原始性本能，既不能避免近亲生育，又不能保护幼畜生殖健康，更无从约束男性无序的强烈性冲动。如果部落社会不得安定，人类根本就不可能生存下去。原始性禁忌由此应时而生，也就成为文明进步的历史必然，所以性禁忌是原始人类最早的文明标志。

文明是从对野性的约束开始的，只要原始的野性继续存在，约束就必须继续下去。由于野蛮人的蛮荒野性，性禁忌必须是强制性的，并且不可能不十分严厉。要是用现代人的"人性"观来看，则极不人道，甚至被认为缺乏"人性"。例如，对奸污处女的惩罚有可能严厉到被处死。然而原始人类若是不这样做，就不会有今天的文明社会。

有着亿万年漫长进化史的原始性本能，决定于高度稳定的物种遗传基因，基因的分子结构有多稳定，遗传保守性就有多稳固，基因的自然表达也就有多顽强。从最早期的原始文明以来，仅仅数万年时间的社会文明进步，完全没有可能动摇有着数亿年历史的动物生殖基因。人类为了可持续的生存繁殖，对性的约束必然会随着社会文明进步，由原始社会的性禁忌到古代社会的性习俗，性道德，性法律，并且一直持续到现代。这样说绝对不是凭空的主观臆断猜测。何以见得？**君不见，所有历史悠久的文明民族，在年代久远的生存过程中，无一不形成各自的传统性道德。不论是宗教的，哲理的，还是世俗的，其核心内容都基本相同。而那些未能形成具有普遍意义的性道德传统的民族，早已在历史的长河中湮灭，并消失得无影无踪。**即使近代仍然生存于大洋孤岛和热带丛林中的原始部落民族，他们之所以能残存至今，也都是因为具备了能够有效防止近亲繁殖和保护生殖健康，以及遵守性行为秩序维护部落安宁的传统性禁忌、性习俗。

对于一夫一妻制度下的人类来说，性与婚姻统一，性与爱统一是符合自然规律的社会文明进步。性与爱分离，性与婚姻分离，性与生殖分离，性行为就成为有性无爱，纯粹追求性愉悦的享乐活动，完全脱离了生理欲望的自然规律基础。"无功不受禄"，在西方称为"没有免费的午餐"。自然规律决定了任何生理欲望都不应异化为追求愉悦的享乐，性欲也不可能例外。《易经》将顺应天理的所获称为"厚德载物"，可见违逆天理的无功受禄就应属于德不配位，而德不配位，必有灾殃，

所以性是不应有享乐功能的。这就是古今中外，当把放纵性欲作为享乐追求时，个人也好，社会也罢，就必定陷入毁灭前的纵欲疯狂。

人类的文明历史，是一部以社会文明约束和限制原始本能的斗争史。从原始社会开始出现性禁忌，至古代形成性道德和发展婚姻制度，一直到近代逐步确立一夫一妻制，原始性本能就不曾有一天不在顽强反抗，每一代人都是如此。历史上，任何一个社会的多妻特权、强奸、通奸、私通等个体反抗从未停止过，群交和轮奸一类的群体反抗也时有发生。就近代而言，早期苏联的杯水主义和公妻现象更是群体反抗的典型。至于像金赛这样以虚假的"性学研究"杜撰伪科学"理论"，将放纵原始性本能合理化，彻底否定性道德的合理性和必要性，全面否定人类性行为的社会性、文明性和进步性，则亘古未有。金赛主义性革命以"人性解放"，迎合芸芸众生数千年来已经饱受压制的原始性本能，于是一呼万应，迅速引发了世界性的性自由生活方式蔓延。其规模之大，范围之广，时间之久，流毒之甚，危害之重，在人类历史上是绝无仅有的。有了金赛这样的"革命理论家"，芸芸众生就会被非理性的原始本能意识绑架，民主也就成为性革命的时代基石。**获得了性解放和性自由的芸芸众生，在金赛领导的性革命中似乎成为胜利的受益者，然而事实却证明他们最终都不幸成为失败的受害者。可见金赛主义性革命的性自由远非单纯的学术问题。**

性道德是社会文明的必然产物，为人类生存繁衍所必需，

金赛及其追随者的所作所为，否定的是文明进步，解放的是动物兽性而非人性，恰恰反映了原始性本能对社会文明进步最顽强和最疯狂的对抗，所以"性革命"是野蛮革了文明的命。打着"性革命"、"性解放"、"性自由"的美丽旗号，喊着"人性解放"、"社会进步"的动人口号，其实质却确确实实源自有着亿万年历史的动物基因表达。高度稳定的基因分子结构，决定了动物本能欲望和行为高度稳定的遗传保守性。人类的原始本能是野蛮的，非理性的，稳定而又顽强的，必须时刻受到社会文明道德的理性制约，上万年来始终如此。文明理性只能加强不能削弱，社会如此，个人更是如此。一旦放松，人欲势必横流，原因就在于基因顽强表达的遗传保守性。**金赛是伪进化论者，《金赛报告》是伪科学糟粕，金赛主义性革命是反文明、反进步、反社会、反人类的反动逆流。就人类的文明进步历史而言，动物的遗传基因有多稳定，金赛主义就有多保守；人类性本能的逆文明潮流而动有多强烈，金赛的性自由就有多反动。**

由此可知，传统性道德和为维护这一传统相应的婚姻家庭法律，是必须受到尊重和遵守的。随着社会进步，人类文明程度的提高，对性科学知识的增长，遵守性道德的自觉性应随之提高，传统性道德也将与时俱进地获得相应的改革和发展，然而绝不是像金赛主义那样轻易地全盘否定，更不是无端地彻底抛弃。

《金赛报告》和性自由生活方式，源自当代世界上经济实力最雄厚，科学技术最发达，又有着西方自以为成熟的先进民主制度的文明社会，因此性自由生活方式理所当然地成为发展中国家应该效仿的西方先进文化。殊不知，正是因为有着美国的强势经济，强势政治，性自由也就成了强势文化，以致蔓延到整个世界。然而强势不会必然就是先进，且听听西方古代哲人，苏格拉底的学生，亚里士多德的老师，柏拉图是怎样说的：

"民主政治持续的时间越长就会变得越民主。自由会增加，平等会蔓延。对任何一种权威的敬畏都会消失，对任何一种不平等的容忍都会受到强烈威胁，多元文化和性自由将造就犹如'五色斑斓之衣'的城市或国家。"

"在许多人看来，这种彩虹旗帜般的组织体制是最公平的。但它本质上是不稳定的。随着精英阶层的权威渐弱，随着当权派的价值观让位于民众价值观，观点和个性会变得五花八门且互不理解。一旦阻碍平等的种种壁垒不复存在，一旦人人平等，一旦精英阶层遭到鄙视而为所欲为得到正式认可，那么，民主政治就到了晚期。"

美国统治者何尝没有意识到，由《金赛报告》引发的性自由，正在危害着整个美国社会，因而完全谈不上什么先进。否则怎可能从1996年的克林顿政府开始，美国民主、共和两党连续三届政府，长期拨巨款支持青少年禁欲教育，直到奥巴马的两届政府，虽然削减了近半数经费，但禁欲教育仍在继续坚持之中？答案是显而易见的，禁欲教育的目的就在于希望能从中小学生性教育开始，从根源上着手制止这种促使祸害丛生，因而算不得先进的性自由生活方式，以恢复美国社会的传统性道德。然而效果十分有限，甚至遭到金赛主义者的嘲笑和指责。在中国，某些媒体也常会传出美国禁欲教育已经失败的信息；崇尚性自由的中国性学家们对美国禁欲教育更是始终不以为然，甚至对其的不成功幸灾乐祸，并声言已经因失败而停止。目的是为了在中国制造性自由不可逆转的舆论，为中国的金赛门徒鼓劲造势，要他们继续在毁弃性道德和煽动性乱的道路上走下去，不要因美国推行禁欲教育而动摇性自由信念。

然而美国禁欲教育的不成功，并非教育的方向错误，而是因为基督教的传统性道德已经因多方面的严重冲击而衰落：（一）近代自然科学的发展，严重削弱了宗教的历史性深厚社会影响，进化论日益深入人心，而《金赛报告》正是以进化论学者的科学研究成果受到推崇的；（二）《金赛报告》不科学的调查研究方法，不真实的统计数字，主观臆断的伪科学论述，严重夸大和歪曲了美国社会违背性道德的现实，彻底否定了性和婚姻道德的合理内涵，致使美国公众的传统性观念发生急剧转变；（三）由于缺乏科学的人性定义，解放"人性"的思潮，强烈地动摇和瓦解着合理的传统道德。几千年来受到社会文明严格约束的人类野性，被误认是受禁锢的"人性"，其中就包括必须受文明约束的原始性本能；（四）文化价值观的多元化，泛化为道德和行为的多元化，社会高度失去统一意志。反映在人的性道德观念和性行为上的多元化趋势，最终导致性观念和性行为的无序化和去道德化，人类性行为因此失去是非和善恶的判断标准；（五）金钱万能危害着科学的纯洁性。《金赛报告》是金赛团队，在洛克菲勒大财团的基金会一手扶持下炮制出来的"科学成果"。为了维护财团声誉和权威，再加上强大的色情业为维护自身既得利益，每逢金赛和《金赛报告》遇到受质疑的危机，他们都会发动大量媒体全力为金赛辩护。当德国审判纳粹战犯冯·巴鲁塞克，罪犯主动供出金赛的恋童癖恶行时，德国和欧洲媒体舆论一片哗然，然而美国大众传媒居然对此讳莫如深，因而集体为之噤声；（六）人类的利己和享乐是动物稳定的原始本能，在失去传统道德约束的情况下，恶化为利己主义和享乐主义的物欲崇拜，以致酿成世界性的人欲横流，而性质特殊的性愉悦作为对欲中之欲的追求，便成为纵欲享乐的首选，性器官沦为人类纵欲的重灾区。

以上多重因素已经促使美国社会沉湎于金赛主义性自由生活方式的变态享乐之中，带有性色彩的媒体广告 24 小时地毯式狂轰滥炸，整个社会受到色情文化的全覆盖，连神圣的教堂里都有牧师在发放避孕套。深陷在性自由泥淖中的美国，作为高度失去统一意志的多元社会，一个具有过熟特征的西方民主社会，已经无力自拔。充满色情化的社会环境，成年人不能在性道德上为下一代以身作则，仅仅依靠公立学校空洞的禁欲说教，而教师自身还往往存在性自由行为，又怎么能让孩子们"出淤泥而不染"？美国统治者尽管有心恢复和重建传统性道德，然而社会病入膏肓，难有回天之力。色情乱象的林林总总，均因《金赛报告》之毒已经深深地渗入美国社会的骨髓，这才是美国青少年禁欲教育未能取得成功的根本原因所在。

（2014 年 6 月原稿，2016 年 8 月修改）

原 著

朱迪丝·雷斯曼：《金赛：罪行与后果》

Judith A. Reisman : KINSEY: CRIMES & CONSEQUENCES, Fourth Edition, published by the Institute for Media Education, Inc. Arlington, Virginia USA 2012

（发人深省的《金赛报告》和性革命，见《中国性科学》2017 年第三期 115 页）

后 记

　　20 世纪中期，美国印第安纳大学性学研究所的金赛博士和他的团队，先后发表了《人类男性性行为》和《人类女性性行为》两个研究报告，合称《金赛报告》。报告以完全出乎美国公众意外的大量调查数据，表明美国人的性行为并不像基督教传统观念中那样遵守性道德，而是很不循规蹈矩。日常生活中充斥着婚前和婚外性行为，没有那么多保持贞洁的童男处女和贞妇；男男女女偷情通奸的现象很普遍，热衷于嫖妓的男人很多。参与同性恋和双性恋活动的男性不少，女性也同样有。至于手淫、露阴癖、恋童癖、施虐和受虐淫，甚至于兽奸、乱伦，都是常见现象。金赛因此认为所有各种各样的人类性行为，都是自然的、正常的、健康的，社会不应该对任何性行为作道德评价。这就意味着人类的性行为天生是自由的，不应该受任何人为的道德束缚。《金赛报告》事实上明白地作出了这样的报告，大量美国人已经用自己的实际行为表明，他们并没有真正遵守过性道德，因此再也没有必要假惺惺地装作是传统性道德的信奉者，继续自欺欺人地假充道貌岸然的绅士淑女。

　　金赛和他的团队身体力行，践行性自由生活方式，使金赛研究所成为一个肮脏的淫窝。他们就在这个乌烟瘴气的淫窝里炮制出《金赛报告》，为美国的性革命提供了"理论"基础。到了60年代，在解放人性的性解放口号下，掀起性革命高潮，进而形成性自由生活方式，并由美国而世界，席卷了世界上绝大多数国家。到了80年代，性革命也开始在"性观念转变"和"性观念开放"的口号下逐渐波及中国。

有史以来，人类的性行为虽然总是在受到社会约束，但是试图挣脱这一约束的行为也从未间断过，无论是个体的，群体的；或者理论的，实践的。**然而20世纪60年代，由《金赛报告》引发的性革命，性解放，并进而形成性自由生活方式的全球性蔓延，却成为人类历史上从理论到实践，规模最大的一次对传统性道德的彻底否定。**其影响之大，波及范围之广，涉及国家和人口之多，实属亘古未有。作为文明社会的一次重大历史性事件，《金赛报告》和性革命是社会的文明进步，还是人类性行为的不文明倒退？造成的社会后果，是建设性的，还是破坏性的？究竟是祸是福？时至今日，显而易见的伦常乖舛，虽然早已有目共睹，但是不同的社会群体，不同的立场和观点，却有着截然不同的认识。

究其原因，则是双方对传统性道德的认识存在严重分歧。推行性自由生活方式的一方认为，人类性行为是天生的自由权利，社会不应干涉个人的性自由。传统性道德是古代统治者或宗教无端强加于人的约束，是束缚人性的性禁锢，因此必须进行性革命，实行性解放，把性的自由权利归还给人类。对于相当数量的社会公众来说，他们认为传统性道德作为良好的社会风尚，有利于婚姻家庭和社会稳定，应该继续得到遵守，但是说不出系统否定性自由的道理。可是就本书作者而言，彻底否定人类延续了数千年，甚至更久的传统性道德，无疑是一种难以想象的历史虚无主义。人类在生存进化和文明进步的历程中，不可能无缘无故地把有害于人类的传统习俗长期保存下来。**传统性道德的客观存在，必定有其为人类生存发展所必需的重大历史成因，也有其重要历史价值和现实意义，否则绝没有可能一直传承到今天。**

作者经过近30年探索，终于完成了对《传统性道德的自然科学本质》的自设课题研究，破解了一个隐藏很深，因而几乎完全被人类忽视的世界性难题，一个在人类进化史上持续了百万年之久的万古谜团，证实了传统性道德有着符合自然规律的自然科学本质。

研究学问的人，总认为自己是在追求真理，希望站在革新和进步的一边。因为坚持传统性道德，而坚决抵制《金赛报告》引发的性革命，被视为顽固不化的迂腐保守势力。然而当研究进一步深入时，却发现事实正好相反。**人类继承动物的原始生殖本能，其基因程序具有高度稳定的遗传保守性，虽历时亿万年亦难于发生变异。恰恰是遗传基因非理性的顽强自然表达，挣脱了文明社会对原始生殖本能的理性约束，才产生了《金赛报告》和性革命。**

认为性革命，性自由是代表社会文明进步的根据是性社会学的判断，没有自然科学为依据的客观衡量标准，是非善恶，公说公有理，婆说婆有理，莫衷一是。实际上，性社会学脱离了自然科学，就什么也不是。因为人类源自动物进化，是生命，人类社会是大自然的产物，一切社会行为最终必定遵循自然规律。"天人合一"，人类是大自然的组成部分，人类的一切行为必须遵循自然规律，顺之则昌，逆之则亡。有关性和婚姻家庭的禁忌，习俗，伦理，道德，法律，哲学，甚至宗教，作为人类文化的不同载体，无一不是服务于社会行为规范。最终目的在于将人类无序的非理性行为，规范为有序的理性行为。这就是人类性行为为什么会在历经千万年漫长的社会实践试误筛选过程中，越来越接近和符合自然规律，遵循自然规律的根本原因。

当今世界的性社会学，已经把人类的性行为搞得一团糟，是非不分，善恶莫辨，甚至人不如兽，原因就在于完全脱离了自然规律。没有以自然科学为基础的性社会学，必然背离自然规律，对于人类有百弊而无一利，以致必然陷入原始生殖本能顽固的遗传保守性，使人类的性文明向非理性的野蛮倒退。

就金赛和他的团队而言，他们都有着世界上最可怕的无知，那就是对于自己的无知竟然完全一无所知。就中国而言，研究性科学应该是为了追求真理。我毫不怀疑研究人类性问题的学者，除了那些哗众取宠的以外，都会相信自己是在探求真理。但是我不知道人们是否意识到，许多学者并没有独立自主地去研究性科学。

这里必须强调指出，"性科学"是吴阶平院士提出的学术概念。《中国性科学百科全书》和《中国性科学》杂志都是吴阶平院士定名和题词的。问题不在于他的学术身份和社会地位，而是"性科学"一词所代表的性问题研究原则和方向是完全正确的，因此不容动摇，也决不应该改"性科学"为"性学"。"天人合一"，人类源自大自然，有关性的人文学本质上都必定是遵循自然规律的自然科学，传统性道德就是最典型的例子。这是与数学、化学、物理学等不涉及人文学的纯自然科学截然不同之处。只有背离自然科学的性社会学才是"性学"，而这是无源之水，缺乏存在的学术基础。

在中国，没有遵循性科学研究方向的人，只是人云亦云，轻率的随大溜；或者是出于自身的原始生殖本能意识的支配，因而身不由己地追随；更主要的是因为丧失对中华民族传统文化的自信心和民族自尊心，以致失去独立研究性科学的意识和能力，完全盲从于某种强势文化。这就是与强势政治，经济，军事，科技等并存的美国现代文化。但是美国的强势文化，甚至政治、经济，实际上并不等于都与军事、科技一样先进。**中国没有独立自主研究性科学的人对《金赛报告》是深信不疑的。然而请问，当得知美国统计学会早在《金赛报告》出版前，统计学家评审组作出的三项结论，就已彻底否定了这一报告的科学性后，是否应该冷静下来，深刻反省一下自己为什么会如此遭受愚弄？**大家都是为了追求真理，我相信学者们应该都会平心静气地从学术角度论学术，与人为善，劝人为善，不要意气用事。数千万艾滋病死者的冤魂，多少亿性病患者的痛苦，多少少女未婚怀孕，多少个家庭解体……罄竹难书的累累罪行，金赛都必须承担不容推诿的历史罪责。金赛已然被钉上历史的耻辱柱，遗臭万年。"往者不可谏，来者犹可追"。金赛恶行昭然若揭，难道还能容忍自己在追随金赛恶行的歧途上助纣为虐，危害骨肉同胞，继续盲从下去？**我们都是炎黄子孙，从我们每个人的祖先开始，都是在中华民族传统文化的教育熏陶中，在传统性道德恩泽的福荫庇佑下，代代相传，我们的文明才不至于断代，才得以有今天的我们大家。我们是否都应该感恩祖先，继往开来，为中华民族的生存发展和生生不息，为中华民族优秀传统文化的传承，承担自己应尽的一份民族责任？**

"行成于思，毁于随"。作者以现代自然科学诠释传统性道德，透彻地阐明了人类性行为的本质，解析了有史以来人类经受性困扰的根本原因，也阐明了人类摆脱这一困境的唯一出路。本书在论述中将传统文化与自然科学融为一体，把自然科学与社会科学完满结合起来，尝试开辟一条从传统文化到现代科学之间的通衢大道，一条全新的学术思路。抛砖引玉，希望书的出版有益于恢复和增强我们对传统文化的民族自信，在复兴中华大业中，有助于弘扬中华民族的优秀传统文化，使之在建设社会主义精神文明中发扬光大，进而为全人类的福祉作出中华民族应有的贡献。"桃李无言，下自成蹊"，我们绝不会，也决不用强加于人。

"最美不过夕阳红"。然而自然规律预示着转瞬间便会是"日薄西山，气息奄奄，人命危浅，朝不虑夕"时刻的来临。作为一名"小车不倒只管推"的信奉者，老之已至，一息尚存，小车还在前行。但愿将一丝微弱的余晖，奉献给在茫茫人生旅途中迷失方向，以至尚未找到目的地的彷徨者，尤其是年轻人。

这本书只是一个小册子，但山不在高，水不在深，能有所发现，有所阐明，就有其存在价值。拙作水平有限，疏漏、错误在所难免。但闻过则喜，欢迎广大读者，特别是专业学者的批评指正。指出一处错误，就能帮助提高一步。"朝闻道，夕死可矣！"深深地感谢各位读者和专业学者，无论是表示赞同，抑或是作出批判。

朱琪

2017 年 8 月 26 日于北京丽水园